VÖGEL

300 ARTEN ENTDECKEN & BESTIMMEN

JONATHAN ELPHICK
JOHN WOODWARD

DK

DK | Penguin Random House

DK London / Delhi
Lektorat
Annie Moss, Angeles Gavira Guerrero, Liz Wheeler, Jonathan Metcalf, Tina Jindal, Ayushi Thapliyal, Rohan Sinha, Glenda Fernandes

Gestaltung und Bildredaktion
Ina Stradins, Michael Duffy, Karen Self, Pooja Pipil, Mridushmita Bose, Nand Kishor Acharya, Ashok Kumar, Anita Yadav, Harish Aggarwal, Sudakshina Basu, Malavika Talukder

Umschlaggestaltung
Suhita Dharamjit, Priyanka Sharma, Sophia MTT

Herstellung
George Nimmo, Meskerem Berhane, Balwant Singh, Pankaj Sharma

Fachliche Beratung Rob Hume

Für die deutsche Ausgabe:
Verlagsleitung Monika Schlitzer
Programmleitung Heike Faßbender
Redaktionsleitung Dr. Kerstin Schlieker
Projektbetreuung Manuela Stern
Herstellungsleitung Dorothee Whittaker
Herstellungskoordination Claudia Rode
Herstellung Christine Rühmer

Titel der englischen Originalausgabe:
Pocket Birds of Britain and Europe

Übersetzung Eva Sixt
Lektorat der Neuausgabe Dr. Ruthild Kropp

ISBN 978-3-8310-4580-8

Druck und Bindung RR Donnelley, China

FSC www.fsc.org
MIX
Papier | Fördert gute Waldnutzung
FSC® C018179

www.dk-verlag.de

INHALT

AUDIO

Mit der unten stehenden Website-Adresse können Sie 99 Vogelstimmen anhören und downloaden. Die Rufe und Gesänge ähnlich aussehender Vogelarten unterscheiden sich und sind bei der Bestimmung hilfreich.
Geben Sie diese Adresse in Ihren Internet-Browser ein:

http://www.dk-verlag.de/ Voegel-in-Europa

Bei Vogelarten, deren Rufe und Gesänge Sie sich anhören können, finden Sie dieses Symbol.

Die Daten zum Anhören und Downloaden werden browserbasiert zur Verfügung gestellt. Alles was benötigt wird, ist eine Internetverbindung. Die Anwendung ist unabhängig vom Betriebssystem und Endgerät nutzbar.

Aufbau des Buchs

Dieser Vogelführer behandelt die 327 häufigsten europäischen Arten. Sie sind in sechs Gruppen zusammengefasst: Singvögel, Hühnervögel & weitere Gruppen, Watvögel, Wasservögel, Seevögel und Eulen & Greifvögel. Innerhalb jeder Gruppe sind die Vögel weitgehend nach Familien aufgeführt, ähnliche Arten sind zum Vergleich nebeneinander abgebildet. Die Arten sind meist nach aufsteigender Größe angeordnet, beginnend mit der kleinsten.

▽ GRUPPEN-EINLEITUNGEN
Die gemeinsamen Merkmale jeder der sechs Gruppen werden zu Beginn des Kapitels erläutert. Abbildungen repräsentativer Arten verdeutlichen die Vielfalt.

▷ GANZSEITIGE EINTRÄGE
Arten mit sehr auffälligen oder vielfältigen Variationen der Gefiederfärbung sind ganzseitig dargestellt.

ZUSÄTZLICHE ABBILDUNGEN
Diese zeigen einen Vogel gleichen Alters und Geschlechts in einer anderen Körperhaltung oder aus einem anderen Blickwinkel.

TIPP-KÄSTEN
Beschreiben auffallende Merkmale oder Verhaltensweisen, die Ihnen das Bestimmen erleichtern.

FARBIGE LINIEN
Die Linien kennzeichnen jede der sechs Vogelgruppen mit einer bestimmten Farbe.

WISSENSCHAFTLICHER NAME

BESCHREIBUNG
Sie enthält die wesentlichen Merkmale und speziellen Charakteristika jeder Art und hebt Unterschiede zu ähnlichen Arten hervor.

ABBILDUNG IM FLUG
Diese zeigt den Vogel im Flug. Beachten Sie, dass hier Unterschiede im Geschlecht oder Alter nicht immer sichtbar sind.

SCHLÜSSELINFORMATIONEN
Diese Kästen enthalten Informationen zu folgenden Punkten
STIMME: *Beschreibung der Rufe und Gesänge.*
BRUTBIOLOGIE: *Typ und bevorzugter Standort des Nestes, Gelegegröße, Zahl der Jahresbruten und Brutzeit.*
NAHRUNG: *Wie und wo findet eine Art welche Nahrung.*
ÄHNLICHE ARTEN: *Ähnlich aussehende Arten werden genannt.*

DEUTSCHER NAME

▽ ARTBESCHREIBUNGEN

Auf einer typischen Seite werden zwei Arten beschrieben. Jeder Eintrag hat denselben leicht zugänglichen Aufbau. Er beinhaltet ein oder mehrere Fotos der Art in ihrem natürlichen Lebensraum. Illustrationen zeigen den Vogel im Flug. Anmerkungen, Größenvergleiche und eine Reihe einfacher Symbole vermitteln Schlüsselinformationen.

GRUPPENBEZEICHNUNG

VERGLEICHSGRÖSSEN

Bei jeder Artbeschreibung finden Sie nebeneinander zwei kleine Umrisszeichnungen. Die dunklere steht für die beschriebene Art, die hellere für eine von vier häufigen Arten: Höckerschwan, Stockente, Taube und Haussperling. Die Maßangaben sind die Länge von Schwanz- zu Schnabelspitze.

GEFIEDERVARIATIONEN

Die farbigen Kästen zeigen unterschiedliche Federkleider, die je nach Geschlecht, Alter (Jungvögel, Jugendstadien oder Altvögel) oder Jahreszeit variieren. Die wesentlichen Unterschiede zum Vogel der Hauptabbildung sind vermerkt. Auch Unterarten können hier abgebildet sein.

KARTEN

Die Karten zeigen das Verbreitungsgebiet der Art, die Farben veranschaulichen die jahreszeitlichen Wanderungen. Durchzugsgebiete sind nicht immer eingezeichnet, da sie nicht immer genau bekannt sind.

- Im Sommer
- Ganzjährig anwesend
- Im Winter
- Auf dem Zug

LEBENSRAUMFOTO

Dies zeigt den Vogel in einem seiner natürlichen Lebensräume.

LEBENSRAUMBESCHREIBUNG

Diese führt die verschiedenen Lebensräume auf, in denen Sie den Vogel beobachten können.

FOTOS

Sie zeigen den Vogel in verschiedenen Positionen oder Federkleidern. Die charakteristischen Merkmale sowie Unterschiede zu ähnlichen Arten sind beschrieben. Wenn nicht durch Symbole anders vermerkt, handelt es sich um einen Altvogel.

SYMBOLE

Die Symbole bezeichnen Geschlecht, Alter oder Jahreszeit. Fehlen sie bei einer Art, weist sie in dieser Kategorie keine wesentlichen Unterschiede auf.

♀ Weibchen ♂ Männchen

Altvogel Immatur Jungvogel

Frühjahr Sommer Herbst Winter

Vogelanatomie

Obwohl man nicht alle anatomischen Details kennen muss, um einen Vogel zu bestimmen, können genauere Kenntnisse den Spaß und das Interesse am Beobachten steigern. Die richtige Terminologie erlaubt außerdem präzisere Beschreibungen: »Etwas Farbe am Flügel« ist sehr vage, während »helle Spitzen der Großen Decken« eine wesentlich exaktere Beschreibung ist. Besonders wichtig ist es zu wissen, wie der Vogelkörper aufgebaut ist: wie Flügelfedern sich übereinander falten, wenn der Vogel den Flügel anlegt, oder wo ein bestimmtes Merkmal am geschlossenen Flügel erscheint, wenn er ausgebreitet wird. Die Handschwingen beispielsweise bilden am offenen Flügel die Flügelspitzen, beim zusammengefalteten Flügel sind sie jedoch oft unter den Schirmfedern verborgen.

OBERSEITE
Die Reihe von Federn zunehmender Größe an der inneren Hälfte des offenen Flügels sind die Rand-, Kleinen, Mittleren und Großen Decken. Die Armschwingen bilden die Hinterkante der inneren Flügelhälfte. In der äußeren Hälfte sind die Decken der Handschwingen auf ein kleines Feld am Handgelenk beschränkt. Einige Federn am »Daumen« bezeichnet man als Alula.

UNTERSEITE

Die Decken nehmen auf der Unterseite des Flügels weniger Platz ein als auf der Oberseite, sind jedoch ebenfalls in überlappenden Reihen angeordnet. An der Flügelbasis wird in der Flügelgrube von den Achselfedern ein dreieckiges Feld gebildet. Kopf, Bauch, Brust und Flanken sind mit kurzen, weniger biegsamen Federn besetzt.

KOPFZEICHNUNGEN

Die Zeichnung des Kopfes kann aus einer Kappe, verschiedenen Streifen wie einem Überaugenstreif oberhalb des Auges, einem Augenstreif oder einem Kehllatz bestehen.

FEDERTYPEN

Weiche Dunenfedern bilden eine isolierende Unterschicht. Kopf und Körper sind mit Konturfedern besetzt. An den Flügeln sitzen kleine steife Federn, die auf einer Seite breiter sind, die Deckfedern, die die Basis der großen asymmetrischen Schwungfedern besetzen. Der Schwanz besteht meist aus 10 oder 12 Federn.

FEDERKLEID

Federn ermöglichen das Fliegen und halten den Vogel warm und trocken. Außerdem tragen sie Farben und Muster für Balz oder Tarnung.

AUERHUHN

BASSTÖLPEL

SCHNEEAMMER

STEINSCHMÄTZER

Bestimmung

Je mehr Erfahrung Sie haben, desto leichter wird das Bestimmen: Die meisten erkennen ein Rotkehlchen oder einen Haussperling schnell. Ein bekannter Vogel ist wie ein vertrautes Gesicht. Ein unbekannter ist jedoch so schwer zu identifizieren, als sollten Sie eine unbekannte Person nur nach einer Beschreibung auf einer belebten Straße finden. Vogelbestimmung ist ein Vorgang, der auf verschiedenen Informationen beruht: Ort, Lebensraum, Größe und Gestalt, Farben, Muster, Flug- und Bewegungsweise und Verhalten.

Ort

Ähnliche Arten leben oft in unterschiedlichen Lebensräumen, nutzen verschiedene Nahrungsangebote und vermeiden so die Konkurrenz untereinander. Diese Kenntnisse helfen bei der Bestimmung. Feldlerchen beispielsweise kommen in offenem Gelände vor und sitzen auf niedrigen Zäunen. Heidelerchen hingegen besiedeln Waldränder und Heiden, suchen in Büschen Deckung und lassen sich auf hohen Bäumen und Stromleitungen nieder.

Größe

Es ist oft schwierig, die Größe zu schätzen, sie ist jedoch ein wertvoller Hinweis für die Bestimmung. Sehen Sie einen unbekannten Vogel, sollten Sie versuchen, seine Größe im Vergleich zu einer Ihnen bekannten Art einzuschätzen. Watvögel beispielsweise umfassen winzige (Zwergstrandläufer), kleine (Alpenstrandläufer), mittelgroße (Rotschenkel) und große Arten (Großer Brachvogel).

Gestalt

Beurteilen Sie die Gestalt des gesamten Vogels. Ist er lang und dünn oder kurz und gedrungen? Schnabel- und Beinlänge verändern den Eindruck. Ziehen Sie bekannte Arten wie Blaumeise (gedrungen), Amsel (rundlich, längerer Schwanz) oder Rauchschwalbe (schlank, langer Schwanz) zum Vergleich heran. Schlanke Vögel können bei Kälte z. B. rundlich aussehen.

Schnabelform

Ist der Schnabel lang oder kurz, dick oder dünn, gerade oder gekrümmt? Ist er spitz, kräftig, hakenförmig, schmal oder breit und an der Spitze abgeflacht? Wenn Sie die Schnabelform erfassen, können Sie den Vogel in eine kleine Gruppe einordnen und viele Arten ausschließen. Die Schnabelform hängt mit der Ernährung zusammen, wie hier verdeutlicht.

Schwanzform

Mit dem Schwanz kann der Vogel den Flug steuern, er kann aber auch zur Balz ausgebildet sein. Form und Proportionen sind bei der Zuordnung zu einer Familiengruppe entscheidend. Achten Sie auf Merkmale wie eine Gabel oder lange Außen- oder Mittelfedern. Beachten Sie, dass der Vogel die Schwanzform stark verändern kann. Ein schmaler Schwanz etwa kann wie ein Fächer gespreizt sein, wenn der Vogel aufsteigt oder landet.

Flügelform

Die Form des Flügels hängt von der Flugweise ab: Gleitflieger haben längere, schmalere Flügel als kleinere Vögel mit raschen Flügelschlägen. Für die Bestimmung letzterer ist die Flügelform kein gutes Merkmal, denn man kann sie kaum erkennen, anders als bei größeren Vögeln mit langsameren Flügelschlägen.

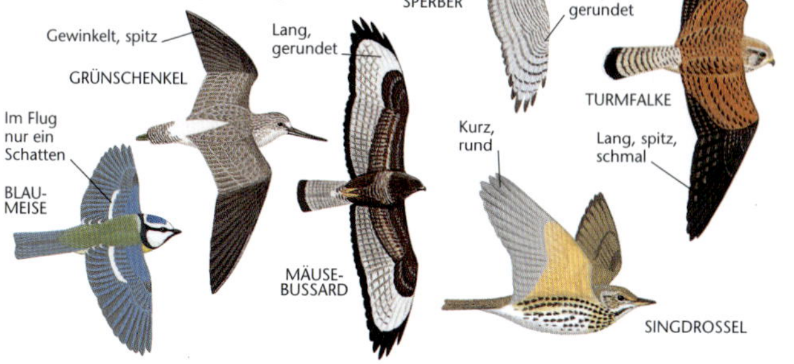

Farben und Muster

Eine präzise Beschreibung ist wichtig: Hat der Vogel Streifen, Bänder oder Flecken? Sind sie auf dem Flügel, Rücken oder Kopf? Kopfzeichnungen können sehr vielfältig sein (S. 7). Achten Sie auf Flügel- und Schwanzmuster, die oft nur bei entfalteten Flügeln oder gespreiztem Schwanz sichtbar sind. Farben an unbefiederten Stellen, an den Beinen oder am Schnabel, sind hilfreich.

Jahreszeiten

Ähnliche Arten können manchmal nach jahreszeitlichem Vorkommen unterschieden werden. So sind etwa Wiesen- und Baumpieper, beide klein und braun gestrichelt, schwer zu unterscheiden. Im größten Teil Europas kommen sie von Frühling bis Herbst beide vor. Im Winter aber zieht der Baumpieper nach Afrika.

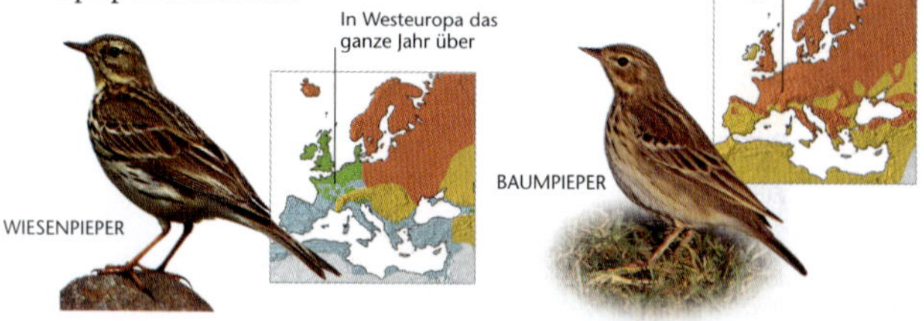

Verhalten

Das Verhalten ist eine wichtige Bestimmungshilfe: Wie ein Rotkehlchen mit dem Schwanz wippt, wie eine Amsel beim Landen den Schwanz rasch hebt und dann langsam senkt, ist arttypisch. Neben diesen unverkennbaren Details hinterlassen die meisten Arten einen schwer zu definierenden Eindruck, der sich bei wiederholtem Beobachten einprägt.

WACHSAM
Die Kohlmeise ist keck und aktiv und wechselt ruckartig hüpfend ihre Sitzplätze.

KOPFUNTER
Die Brandgans gründelt, um an Nahrung zu gelangen, die sie nicht erreicht, wenn sie nur auf der Oberfläche schnattert.

ZWITSCHERN
Haussperlinge sind lebhafte und sehr gesellige kleine Vögel. Sie verbringen viel Zeit damit, in großen Schwärmen laut und endlos zu zwitschern.

HEIMLICH
Still und unauffällig, aber nicht scheu, huscht die Heckenbraunelle wie eine Maus über den Boden und flattert mit Flügeln und Schwanz. Sie sucht Deckung.

WATVOGEL
Der Stelzenläufer pickt mit dem Schnabel Nahrung von der Wasseroberfläche, während er seinen Kopf von einer Seite zur anderen neigt.

WENIG ELEGANT
Sperbergrasmücken haben die typische Angewohnheit, sich schwerfällig durchs Gebüsch zu bewegen, ganz anders als andere kleine, grazile Grasmücken.

Flug

Manchmal sehen Sie einen Vogel nur im Flug, wenn Details und Färbung schwer zu erkennen sind. In diesem Fall ist die Flugweise der beste Anhaltspunkt. Manche fliegen lange Gleitstrecken mit ausgebreiteten Flügeln, die Flügelschläge können flach sein oder weit ausholen, die Flügel gewinkelt oder gewölbt sein, der Vogel kann rütteln oder steil abtauchen.

RÜTTELNDER TURMFALKE
Ist kein Ansitz in der Nähe, halten Turmfalken Ausschau, indem sie rüttelnd in der Luft stehen.

SCHMUTZGEIER
Die langen, breiten Flügel mit gefingerten Spitzen sind ideal für ausgedehnte, energiesparende Gleitflüge.

STIEGLITZSCHWARM
Stieglitze bewegen sich elegant und leicht mit wellenförmigem Auf und Ab in der Luft.

Singvögel

Singvögel gehören zur großen Gruppe der Sperlingsvögel, zu der mehr als die Hälfte der weltweit verbreiteten Vogelarten gerechnet werden. Sie haben hoch spezialisierte Füße, die ihnen ermöglichen, sich an dünnsten Ästen festzuhalten. Singvögel bilden die größte Untergruppe der Sperlingsvögel, zu ihnen gehören unter anderem die Schwalben, Drosseln, Meisen, Sperlinge und Krähen. Die meisten von ihnen können eine Vielzahl komplizierter Gesänge hervorbringen. Ihre Lebensweise reicht von Insektenjägern in der Luft (wie der Rötelschwalbe) über baumbewohnende Insekten- und Körnerfresser hin zu Generalisten, die verschiedene Lebensräume besiedeln (wie der Rabenkrähe).

SINGDROSSEL

BLAUMEISE

RÖTELSCHWALBE

RABENKRÄHE

Wintergoldhähnchen 75

Regulus regulus

Der kleinste europäische Vogel, das agile Wintergoldhähnchen, sucht auch in unmittelbarer Nähe des Menschen nach Nahrung. Der rundliche Vogel gibt oft sehr hohe, dünne Rufe von sich, während er rastlos Futter sucht. Der Kopf ist vorne flacher als der des Sommergoldhähnchens.

SUCHT IN *Nadel- und Mischwäldern, Dickichten und großen Gärten während des ganzen Jahres nach Nahrung.*

STIMME *Ruf hohes, zischendes* si-si-si; *Gesang schnelles, hohes* siedli-i-siedli-i.
BRUTBIOLOGIE *Napf aus Spinnweben und Moos; 7–8 Eier, 2 Bruten; Apr.–Jul.*
NAHRUNG *Pickt winzige Insekten und Spinnen von Blättern, rüttelt kurz.*
ÄHNLICHE ARTEN *Sommergoldhähnchen, Fitis, Zilpzalp.*

Sommergoldhähnchen

Regulus ignicapilla

Das Sommergoldhähnchen ist weniger weit verbreitet als das Wintergoldhähnchen, in manchen Gegenden aber häufiger. Es ist heller und auffälliger gemustert. Sein kräftigerer Ruf und der weniger rhythmische Gesang sind wichtige Bestimmungsmerkmale, wenn der Vogel hoch im Baum kaum zu erkennen ist.

BRÜTET IN *Nadelbäumen, aber auch in Misch- und Laubwäldern. Weniger an Nadelbäume gebunden als Wintergoldhähnchen.*

STIMME *Ruf hohes* siit; *Gesang scharf, schneller werdend,* si si si sisisiiii.
BRUTBIOLOGIE *Napf aus Moos und Flechten; 7–11 Eier, 2 Bruten; Apr.–Jul.*
NAHRUNG *Pickt Insekten und Spinnen von Blättern, oft im Rüttelflug.*
ÄHNLICHE ARTEN *Wintergoldhähnchen, Zilpzalp, Goldhähnchen-Laubsänger (selten).*

Zaunkönig

58

Troglodytes troglodytes

SINGT VON *einem erhöhten Ansitz aus, meistens aber sucht er im Gebüsch in Bodennähe nach Nahrung.*

Der winzige Vogel mit überraschend lauter Stimme richtet seinen kurzen Schwanz oft steil auf. Auch sein Flug ist charakteristisch: schnell und geradeaus, oft direkt ins Dickicht. In kalten Wintern nehmen die Populationen ab, erholen sich meist jedoch schnell wieder.

STIMME *Rasselndes* tschit, tzerr; *Gesang erstaunlich laut, schmetternd mit Trillern.*
BRUTBIOLOGIE *Kleines Kugelnest aus Blättern und Gras; 5–6 Eier; 2 Bruten; Apr.–Jul.*
NAHRUNG *Sucht im Dickicht, unter Hecken, in Gräben nach Insekten und Spinnen.*
ÄHNLICHE ARTEN *Heckenbraunelle, Rotkehlchen.*

Beutelmeise

Remiz pendulinus

BRÜTET IN *Weiden und Pappeln an Flussufern. Sucht zwischen Bäumen, in Sümpfen, Schilf und Feuchtwiesen Nahrung.*

Die Beutelmeise ist ein kleiner, lebhaft gemusterter Vogel mit einem scharfen, kegelförmigen Schnabel. Oft sucht sie in hohen Bäumen in Flussnähe nach Nahrung, wo man nur ihre typischen Rufe hört. Im Winter begibt sie sich auch in offeneres Gelände, wo sie leichter zu sehen ist.

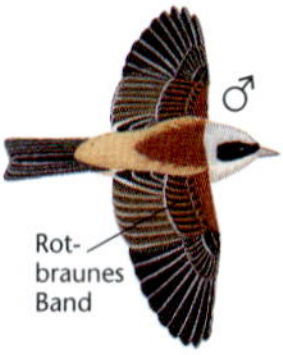

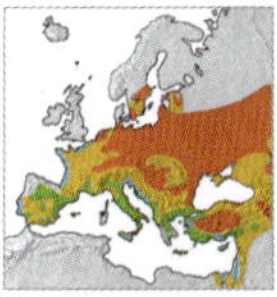

STIMME *Ruf ein hohes, durchdringendes Pfeifen,* psiii; *Gesang aus Trillern und Rufen.*
BRUTBIOLOGIE *Hängenest an Zweigen, aus gefiederten Samen und Spinnenweben, mit Eingangsröhre; 6–8 Eier, 1 Brut; Mai–Jun.*
NAHRUNG *Sammelt mit akrobatischem Geschick kleine Insekten und Schilfsamen.*
ÄHNLICHE ARTEN *Bluthänfling, Neuntöter.*

Schwanzmeise 81

Aegithalos caudatus

Mit ihrem runden Körper und dem langen Schwanz ist diese Art einzigartig unter den europäischen Vögeln. Im Sommer streifen Familientrupps lautstark durch Büsche und Unterwuchs, im Winter ziehen sie in viel größeren Trupps durch die Wälder, einzeln oder paarweise von Baum zu Baum fliegend.

LEBT IN *Laub- oder Mischwald mit buschigem Unterwuchs und im Gebüsch. Besucht Futterspender.*

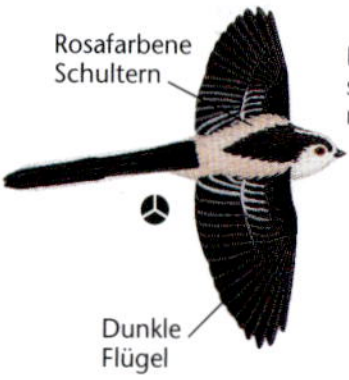

STIMME *Hohes, dünnes* siii siii siii; *kurzes, abruptes, tieferes* trrp *oder* zerrrp.
BRUTBIOLOGIE *Kugelnest aus Flechten, Moos, Spinnweben und Federn mit seitlichem Eingang; 8–12 Eier, 1 Brut; Apr.–Jun.*
NAHRUNG *Pickt winzige Insekten und Spinnen von Blättern; Sämereien.*
ÄHNLICHE ARTEN *Keine.*

Bartmeise

Panurus biarmicus

Die gelbbraune Bartmeise lebt fast ausschließlich in großen Schilfbeständen. Nur im Winter weicht sie auf hohe Halmvegetation aus, wenn die Bestandsdichte sie dazu zwingt. An windigen Tagen sieht man sie kaum, bei mildem Wetter jedoch kann man sie mithilfe ihres Rufs lokalisieren.

LEBT IM *Schilf, wo sie brütet und Nahrung sucht. Manchmal ist sie in hoher Vegetation in der Nähe zu finden.*

STIMME *Metallisches* psching, pink, *oder* ping.
BRUTBIOLOGIE *Tiefer Napf aus Blättern, Halmen und Schilfrispen, im Schilf über Wasser; 5–7 Eier, 2–3 Bruten; Apr.–Aug.*
NAHRUNG *Sammelt Raupen und Schilfsamen zwischen den Schilfhalmen.*
ÄHNLICHE ARTEN *Schwanzmeise, Teichrohrsänger.*

Tannenmeise

77

Periparus ater

SUCHT AUF *Kiefern und anderen Nadelbäumen, aber auch im Gestrüpp nach Nahrung. Besucht Futterspender.*

Obwohl man sie oft im Garten sieht, ist die winzige Tannenmeise typischerweise auf Nadelbäumen zu finden, wo sie ihr geringes Gewicht nutzt, um auf den dünnsten Zweigen nach Nahrung zu suchen. Im Herbst und Winter schließt sie sich oft anderen Meisenarten an und streift in gemischten Trupps durch Wälder und Gärten.

STIMME *Ruf hohes* tzü, *dünnes* tzi, *helles* psüt; *Gesang schnelles* tsi-tsü-tsi-tsü.
BRUTBIOLOGIE *Napf aus Moos und Blättern in Baumloch; 7–11 Eier, eine Brut; Apr.–Jun.*
NAHRUNG *Sammelt winzige Insekten und Spinnen von Blättern; Sämereien, Nüsse.*
ÄHNLICHE ARTEN *Sumpfmeise, Weidenmeise, Kohlmeise.*

Haubenmeise

Lophophanes cristatus

SUCHT IN *alten Kiefernwäldern nach Nahrung und brütet dort, erscheint in Teilen Europas aber auch in Misch- oder Laubwäldern.*

Die flotte Haube macht diese Art unverkennbar und sie erleichtert das Bestimmen, wenn man den Kopf gut sehen kann. Oft sucht die Haubenmeise jedoch hoch oben in Kiefern nach Nahrung, wo man sie am besten an ihren rollenden Rufen erkennen kann.

STIMME *Ruf rollendes* bürrr, *auch hohes, meisentypisches* si, *dazu* zigürrr.
BRUTBIOLOGIE *Napf aus Moos und Haaren in Baumstumpf; 5–7 Eier, 1 Brut, Apr.–Jun.*
NAHRUNG *Kleine Insekten und Spinnen; im Winter Sämereien, legt Vorräte an.*
ÄHNLICHE ARTEN *Tannenmeise, Sumpfmeise, Weidenmeise.*

SUCHT IN *großen Laubbäumen, v. a. Birken und Eichen, in Wäldern, Parks und Gärten nach Nahrung.*

Sumpfmeise

80

Poecile palustris

Im Aussehen scheinbar identisch mit der Weidenmeise, kann man die etwas schlankere und hübschere Sumpfmeise am ehesten an ihrem typischen »pitschä«-Ruf erkennen. Trotz ihres Namens kommt sie nicht in Sümpfen vor, sondern bevorzugt älteres Waldland, wo sie im Unterwuchs Futter sucht.

STIMME *Helles* pitschä, *angehängtes Zetern; Gesang kurz, monoton, oft Klappern.*
BRUTBIOLOGIE *Napf aus Gras und Moos in Baumloch; 6–8 Eier, 1 Brut; Apr.–Jun.*
NAHRUNG *Im Sommer v. a. Insekten, Spinnen; im Winter Sämereien, Beeren.*
ÄHNLICHE ARTEN *Weidenmeise, Tannenmeise, Mönchsgrasmücke.*

KOMMT IN *verschiedensten Waldtypen, Dickichten und Hecken vor. Besucht Futterspender im Garten.*

Weidenmeise

79

Poecile montanus

Die Weidenmeise sieht etwas unordentlicher aus als die sehr ähnliche Sumpfmeise, hat einen größeren Kopf und wirkt stiernackig. Sie kommt in unterschiedlicheren Lebensräumen vor. Zwar ist sie nicht speziell an Weiden gebunden, sucht aber in feuchten Weidenbeständen nach Nahrung. Ihre Rufe sind charakteristisch.

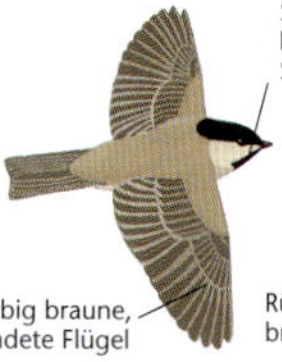

STIMME *Ruf hohes* si si, *gedehntes, tiefes* däh; *Gesang hohe Pfiffe oder schwätzend.*
BRUTBIOLOGIE *Fertigt Höhle in morschem Baumstumpf; 6–9 Eier, 1 Brut; Apr.–Jun.*
NAHRUNG *Im Sommer v. a. Insekten und Spinnen; im Winter Samen, Beeren, Nüsse.*
ÄHNLICHE ARTEN *Sumpfmeise, Tannenmeise, Mönchsgrasmücke.*

BESUCHT GÄRTEN, *um an Futterspendern zu fressen. Lebt in Wäldern aller Art, Parks und buschigen Gärten.*

Blaumeise

78

Cyanistes caeruleus

Die zutrauliche Blaumeise ist am Futterhäuschen ein häufiger Gast und ihrer akrobatischen Fähigkeiten wegen beliebt. Ihre schwarz-weiße Gesichtszeichnung ist charakteristisch und auf der gelben Unterseite trägt sie oft einen dünnen dunklen Mittelstreifen.

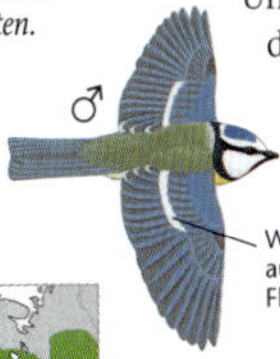

STIMME *Ruf* sisidüdü, *schimpfend* terrret-et; *Gesang hohe Tone, tiefer* si-si-sisisi.
BRUTBIOLOGIE *Kleiner Napf aus Moos und Haaren in Höhle; 7–16 Eier, 1 Brut; Apr.–Mai.*
NAHRUNG *Sämereien, Nüsse, Insekten, Spinnen; besucht Futterstellen im Garten.*
ÄHNLICHE ARTEN *Tannenmeise, Kohlmeise, Wintergoldhähnchen.*

BRÜTET IN *verschiedensten Mischwäldern, in Parks und Gärten. Nutzt oft Nistkästen.*

Kohlmeise

76

Parus major

Die kühne, aggressive Kohlmeise ist einer der bekanntesten Garten- und Waldvögel. Ihre Rufe sind sehr variabel, aber an dem schwarzen Bruststreifen kann man sie gut erkennen. Sie ist weniger agil als die kleineren Meisenarten und öfter am Boden.

STIMME *Vielfältige Rufe, u. a.* ping, tui, rau dschä-dschä; *Gesang hell pfeifend* ti-tä, zi-zi-tä.
BRUTBIOLOGIE *Napf aus Moos und Gras in Baumhöhle; 5–11 Eier, 1 Brut; Apr.–Mai.*
NAHRUNG *Insekten, Samen, Nüsse; im Herbst und Winter v. a. Baumsamen.*
ÄHNLICHE ARTEN *Blaumeise, Tannenmeise.*

Waldbaumläufer

Certhia familiaris

Der Waldbaumläufer sucht nach Insekten, indem er Baumstämme und Äste hinaufläuft. Er verkrallt sich mit seinen kräftigen Zehen in der Rinde und stützt sich mit dem steifen Schwanz ab. Meist läuft er in spiralförmigen Bahnen einen Baum empor, fliegt dann zum Fuß des nächsten und beginnt eine neue Suche.

SUCHT BAUMRINDE *in Laub-, Misch- und Nadelwäldern ab. Erscheint auch in Hecken, Parks und Gärten mit alten Bäumen.*

STIMME *Ruf dünn, hoch* siii, *rauer* sriiih; *Gesang hohe, abfallende Strophen von* siii-*Lauten, endet mit Schnörkel.*
BRUTBIOLOGIE *Unordentliches Nest hinter lockerer Rinde; 5–6 Eier, 1 Brut; Apr.–Jun.*
NAHRUNG *Pickt Insekten und Spinnen von der Rinde, während er Bäume emporläuft.*
ÄHNLICHE ARTEN *Gartenbaumläufer.*

Gartenbaumläufer

Certhia brachydactyla

Optisch kaum vom Waldbaumläufer zu unterscheiden, ist der Gartenbaumläufer an seinen klaren Rufen und dem weniger variablen Gesang zu erkennen. In vielen Teilen Europas kommen beide Arten nicht gemeinsam vor. Die Nahrungssuche erfolgt auf die gleiche Weise, der Gartenbaumläufer erklimmt aber auch Felsen.

SUCHT IN *der Rinde alter Bäume nach Kleintieren, typischerweise in Laubwäldern im Tiefland, aber auch in Nadelwäldern.*

STIMME *Ruf kräftiges, kurzes, klares* tüt; *Gesang klares* titi-tir-o-iti tit.
BRUTBIOLOGIE *Napf aus Gras und Federn in Spalte; 5–6 Eier, 1 Brut; Apr.–Jun.*
NAHRUNG *Insekten, Spinnen und deren Eier, die er an Baumstämmen und Ästen aus der Rinde pickt.*
ÄHNLICHE ARTEN *Waldbaumläufer.*

Kleiber 82

Sitta europaea

SUCHT IN *Laub- und Mischwäldern, Parks und größeren Gärten in hohen Bäumen und am Boden nach Nahrung.*

Der Kleiber, unverkennbar durch sein sonderbar kopflastiges Aussehen, ist ein agiler Kletterer, der im Gegensatz zu anderen Vögeln Baumstämme nicht nur aufwärts, sondern auch mit dem Kopf voran abwärts läuft. Er klemmt Nüsse und Samen in Rindenspalten, um sie mit dem Schnabel aufzuhacken.

STIMME *Rufe fein* zitt, *lauter* twet, tuit; *Gesang langsame Pfeiftöne, schnell als Triller.*
BRUTBIOLOGIE *Klebt typischerweise Schlamm um den Eingang einer alten Spechthöhle; 6–9 Eier, 1 Brut; Apr.–Jul.*
NAHRUNG *Vielfältige Sämereien, Beeren und Nüsse, die er in Spalten klemmt.*
ÄHNLICHE ARTEN *Felsenkleiber (selten).*

Cistensänger

Cisticola juncidis

BESIEDELT GRASLAND *wie Wiesen, Sümpfe, Dünen und grasbewachsene Raine von Getreidefeldern.*

Dieser winzige Vogel verrät sich meist durch seinen merkwürdigen Gesang: Bei seinem wellenförmigen Singflug wiederholt er exakt vor jedem Abgleiten ein scharfes, durchdringendes »zit«. Obwohl er mit keiner europäischen Art nah verwandt ist, ist er leicht mit anderen Sängern zu verwechseln.

STIMME *Ruf lautes* tschipp; *im wellenförmigen Singflug kurzes* zit...zit...zit...
BRUTBIOLOGIE *Tiefes, flexibles birnenförmiges Nest aus Gras, Federn und Spinnweben; 4–6 Eier, 2–3 Bruten; Apr.–Jun.*
NAHRUNG *Insekten, Spinnen und Sämereien.*
ÄHNLICHE ARTEN *Schilfrohrsänger, Braunkehlchen, Feldschwirl.*

Fitis

73

Phylloscopus trochilus

Der Fitis ist der häufigste und am weitesten verbreitete Laubsänger und ähnelt dem Zilpzalp sehr. Am besten ist er an seinem gemütvollen Gesang zu erkennen, mit dem er im Frühling seine Ankunft verkündet. Meist geht er allein auf Nahrungssuche und schlüpft dabei gewandt durchs Laub.

SINGT LIEBLICH *und flüssig in lichten Wäldern, Büschen und Dickichten v. a. aus Birken und Weiden.*

STIMME *Ruf einfach pfeifend hü-it; abfallendes Trillern, mit Schnörkel endend.*
BRUTBIOLOGIE *Überdachtes Grasnest, bodennah; 6–7 Eier, 1 Brut; Apr.–Mai.*
NAHRUNG *Pickt Insekten und Spinnen von Blättern; fängt Fliegen in der Luft.*
ÄHNLICHE ARTEN *Zilpzalp, Waldlaubsänger, Berglaubsänger.*

Zilpzalp

74

Phylloscopus collybita

Der Zilpzalp ist äußerlich kaum vom Fitis zu unterscheiden. Hilfreich ist die Eigenheit des etwas plumperen Zilpzalps, seinen Schwanz herunterzuschlagen. Wenn er singt, verrät er sich, indem er seinen Namen unablässig wiederholt. Einige Vögel verbringen den Winter in Westeuropa, anders als der Fitis.

RUFT WIEDERHOLT *seinen Namen von seinem Ansitz in Wäldern, Parks, buschigem Gelände und großen Gärten.*

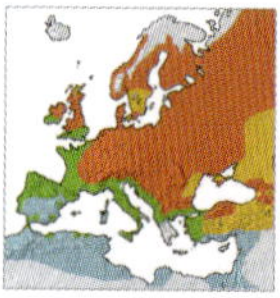

STIMME *Ruf kurz, einsilbig; Gesang klares, helles* zilp-zalp, zilp-zalp, zilp-zalp.
BRUTBIOLOGIE *Überdachtes Grasnest tief im Gebüsch; 5–6 Eier, 1–2 Bruten; Apr.–Jul.*
NAHRUNG *Pickt Insekten und Spinnen von Blättern, schlüpft geschickt durchs Laub.*
ÄHNLICHE ARTEN *Fitis, Waldlaubsänger.*

Berglaub-sänger

SUCHT IN *Laub- und Nadelwäldern, in Eichengruppen an Böschungen und in Kiefern nach Nahrung.*

Phylloscopus bonelli

Der Berglaubsänger, der den lebhafter gefärbten Waldlaubsänger im Süden ersetzt, ist sehr unscheinbar. Durch sein klapperndes Trillern kann man ihn am besten ausfindig machen. Man sieht ihn meist nur kurz, wenn er sich auf der Suche nach Insekten leise seinen Weg durch das dichte Laub bahnt.

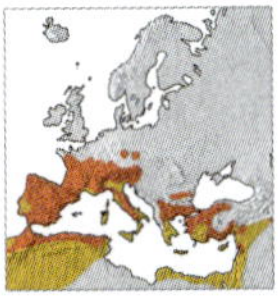

STIMME *Ruf helles* hü-if; *Gesang klappern-des Trillern,* s'r'r'r'r'r rrrrrrrrrrrr.
BRUTBIOLOGIE *Überdachtes Nest unter Grasbüschel; 5–6 Eier, 1 Brut; Mai–Jul.*
NAHRUNG *Pickt Insekten und Spinnen zwischen den Blättern auf.*
ÄHNLICHE ARTEN *Waldlaubsänger, Fitis, Zilpzalp.*

Waldlaubsänger

SINGT *ekstatisch von Zweigen alter Laubbäume, unter deren Blätterdach freier Raum ist.*

Phylloscopus sibilatrix

Der Waldlaubsänger ist einer der größten seiner Gattung und mit seinen zitronengelben und grünen Gefiederpartien der bunteste. Hoch im Blätterdach ist er oft schwer zu entdecken. Im Frühsommer kann man das Männchen durch seinen metallisch trillernden Gesang ausfindig machen, den er mit solcher Kraft schmettert, dass sein ganzer Körper zittert.

STIMME *Ruf lautes* düh; *Gesang klangvoll* düht-düht *oder scharf tickend, ansteigend zu Trillern* zip zip zip zip-zwürrrr.
BRUTBIOLOGIE *Überdachtes Grasnest im Falllaub; 6–7 Eier, 1 Brut; Mai–Jun.*
NAHRUNG *Insekten und Spinnen.*
ÄHNLICHE ARTEN *Berglaubsänger, Zilpzalp, Fitis.*

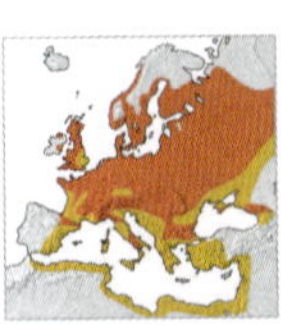

Provencegrasmücke

Curruca undata

Dieser versteckte Vogel warmer Heiden und sonniger Hänge ist schwer zu erkennen, wenn er von Busch zu Busch flattert und wieder aus dem Blickfeld verschwindet. Bei windstillem Wetter sitzt er jedoch manchmal so exponiert, dass er gut zu sehen ist. Der Bestand kann in harten Wintern abnehmen.

LEBT IN *Heidegebieten mit Stechginster und kleinen Büschen und an sonnigen Hängen mit Dornengestrüpp.*

STIMME *Ruf tiefes, raues* tschärr*; Gesang schnelles Zwitschern, manchmal in der Luft.*
BRUTBIOLOGIE *Grasnapf tief in Ginster oder Heide; 3–5 Eier, 2–3 Bruten; Apr.–Aug.*
NAHRUNG *Sucht in niedriger Vegetation nach Spinnen und Insekten.*
ÄHNLICHE ARTEN *Dorngrasmücke, Weißbartgrasmücke.*

Weißbartgrasmücke

Curruca cantillans, Curruca iberiae, Curruca subalpina

Die Weißbartgrasmücke wurde in drei Arten unterteilt, *C. iberiae*, *C. subalpina* und *C. cantillans* (Verbreitungsgebiete auf der Karte kombiniert). Alle kommen in ähnlichen Lebensräumen vor, wo die Männchen manchmal zu kurzen, hüpfenden Singflügen starten. Sie sind an ihrem weißen Bartstreif von Provencegrasmücken-Männchen zu unterscheiden. Weibchen und Jungvögel sind schwieriger zu bestimmen.

BRÜTET AN *buschigen Hängen, in Hecken, dornigen Dickichten und lichten immergrünen Eichenwäldern.*

STIMME *Ruf scharfes, klickendes* tet*, oft wiederholt; Gesang hohes Zwitschern.*
BRUTBIOLOGIE *Kleiner Napf in niedriger Vegetation; 3–4 Eier, 2 Bruten; Apr.–Jun.*
NAHRUNG *Insekten und Spinnen aus Gestrüpp oder Laubbäumen.*
ÄHNLICHE ARTEN *Provencegrasmücke, Dorngrasmücke.*

Klappergrasmücke

Curruca curruca

Die Klappergrasmücke ist kleiner und hübscher als die Dorngrasmücke. Sie singt verborgen an Waldrändern und in Hecken. Man kann sie durch ihren Gesang ausfindig machen, doch wechselt sie oft ihren Platz. Im Herbst ist sie in Büschen zu finden, wo sie Beeren frisst.

LEBT IN *hohen Dickichten an Waldrändern, kleinen Feldgehölzen und alten überwucherten Hecken.*

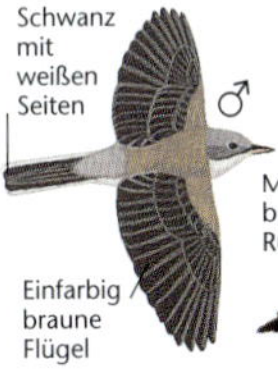

STIMME *Trocken, schnalzend tett; Gesang schwätzend, dann laut hölzern klappernd.*
BRUTBIOLOGIE *Napf aus Zweigen und Gras im Gestrüpp; 4–6 Eier, 1 Brut; Mai–Jun.*
NAHRUNG *Pickt Insekten von Blättern; frisst im Spätsommer viele Beeren.*
ÄHNLICHE ARTEN *Dorngrasmücke, Mönchsgrasmücke, Weißbartgrasmücke.*

Dorngrasmücke

Curruca communis

Als Art offener, buschiger Landschaften hält sich die Dorngrasmücke oft in niedriger Vegetation auf. Sie verrät sich durch ihren typischen Ruf und kommt oft heraus, um Eindringlinge zu beschimpfen. Sie singt von niedrigen und hohen Warten und während ihres Singflugs.

SINGT VON *Sitzplätzen an buschigen, trockenen Plätzen und Heideflächen mit niedrigem Gestrüpp.*

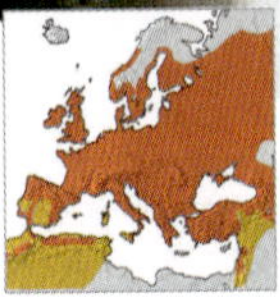

STIMME *Rau* tschärr, *zankend* tschurr, *wohlklingend* wähd-wähd; *Gesang schwatzend.*
BRUTBIOLOGIE *Napf aus Halmen im Dornengestrüpp; 4–5 Eier, 2 Bruten; Apr.–Jul.*
NAHRUNG *Pickt Insekten von Blättern; im Herbst viele Samen und Beeren.*
ÄHNLICHE ARTEN *Klappergrasmücke, Provencegrasmücke, Weißbartgrasmücke.*

Mönchsgrasmücke 68

Sylvia atricapilla

SINGT *wohltönend von Sitzplätzen in Wäldern, Parks und großen Gärten mit dichtem Unterwuchs.*

Die untersetzte Mönchsgrasmücke ist an ihren typischen harten Rufen zu erkennen. Ihr Gesang jedoch ist melodisch, reich, rein und kraftvoller als der der ähnlichen Gartengrasmücke. In Nordwesteuropa überwintert sie manchmal und besucht Gärten, um Sämereien zu fressen. Dabei vertreibt sie oft andere Vögel vom Futterhäuschen.

STIMME *Kurzes, hartes täk; Gesang flötend, schnell, klar, wird schneller und lauter.*
BRUTBIOLOGIE *Napf aus Gras und Halmen in Busch; 4–5 Eier, 2 Bruten; Apr.–Jul.*
NAHRUNG *Pickt Insekten von Blättern; nimmt weiche, fleischige Beeren, v.a. Holunder.*
ÄHNLICHE ARTEN *Sumpfmeise, Gartengrasmücke, Samtkopfgrasmücke.*

Samtkopfgrasmücke

Curruca melanocephala

LEBT AN *buschigen Plätzen wie Dickichten vor Mauern und in offenem Waldland.*

Diese dunkle Grasmücke ist eine Art steiniger, trockener Plätze mit Gebüschen, besucht aber manchmal auch größere Bäume in Gärten. Sie legt meist nur kurze Flugstrecken zwischen Büschen zurück und man sieht sie schnell im Dickicht verschwinden.

STIMME *Harter Warnruf tret-trettrret; Gesang schnelles raues Schwätzen.*
BRUTBIOLOGIE *Kleiner Napf in niedrigem Busch; 3–5 Eier, 2 Bruten; Apr.–Jul.*
NAHRUNG *Kleine Insekten und Spinnen in niedriger Vegetation oder am Boden darunter.*
ÄHNLICHE ARTEN *Weißbartgrasmücken-Männchen, Mönchsgrasmücke.*

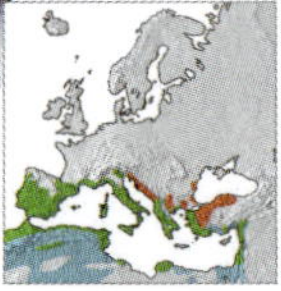

TIPP

Der rote Augenring ist ein typisches Merkmal der Samtkopfgrasmücke. Beim brauneren, helleren Weibchen ist er etwas matter.

Mariskensänger

Acrocephalus melanopogon

LEBT IN *Schilfbeständen, Seggen oder Binsen. Sehr lokal, selten außerhalb des Brutgebietes zu sehen.*

Der Mariskensänger ist nah mit dem Schilfrohrsänger verwandt und sieht ihm sehr ähnlich. Am besten ist er an seinem breiten weißen Überaugenstreif und der seidigen Kehle zu erkennen. Selten wandert er außerhalb seines Verbreitungsgebietes, wo er teilweise Jahresvogel ist.

TIPP

Er ist zwar schwer vom Schilfrohrsänger zu unterscheiden, aber er zuckt im Gegensatz zu diesem oft mit dem Schwanz.

STIMME *Ruf kehlig oder klickend* trk-tk-tk-tk; *Gesang schnell, vielfältig, mit Pfeiftönen.*
BRUTBIOLOGIE *Tiefer Grasnapf mit Pflanzenfiedern im Schilf; 5–6 Eier, 1 Brut; Apr.–Jun.*
NAHRUNG *Insekten und kleine Wirbellose aus Schlamm von Feuchtvegetation.*
ÄHNLICHE ARTEN *Schilfrohrsänger, Braunkehlchen.*

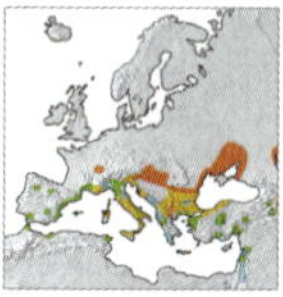

Schilfrohrsänger

69

Acrocephalus schoenobaenus

SINGT VON *der Spitze von Schilfhalmen und Büschen, in Schilf- und Feuchtflächen, auch in Nesseln und Dornbüschen. Unternimmt kurze Singflüge.*

Der kleine, aktive Vogel mit seinem lauten, abwechslungsreichen Gesang ist in Uferzonen und sumpfigen Lebensräumen häufig. Oft ist er im Schilf zu finden, aber er sucht auch in anderen Vegetationen wie Weiden, Weißdorn und Hecken neben feuchten Gräben nach Nahrung.

STIMME *Ruf trocken, rau* tschrrr, *scharf* tek; *Gesang Pfeifen, Trillern, Schnarren.*
BRUTBIOLOGIE *Tiefer Napf aus Gras, Moos, Spinnweben; 5–6 Eier, 1–2 Bruten; Apr.–Jul.*
NAHRUNG *Insekten, Spinnen, Sämereien von Schilf, Seggen, Nesseln und Büschen.*
ÄHNLICHE ARTEN *Mariskensänger, Teichrohrsänger.*

Feldschwirl

Locustella naevia

SINGT VON *Sitzplätzen an sumpfigen, grasigen Stellen, Dickichten, Heiden und Dornengestrüpp.*

Dieser Laubsänger lebt meist versteckt im Unterholz, wo er wie eine Maus laufend nach Futter sucht. Man sieht ihn oft nur kurz, wenn er aus einem Busch hervorschießt und wieder in die Deckung abtaucht. Sein seltsamer Gesang jedoch ist unverkennbar: ein metallisches Ticken wie das Abspulen einer Angelschnur.

STIMME *Ruf laut, spitz psit; Gesang schnell, metallisch sirrrrrrrrrrrrrrrrrrr.*
BRUTBIOLOGIE *Nest aus Gras und Blättern in niedriger Vegetation; 5–6 Eier, 2 Bruten; Mai–Jul.*
NAHRUNG *Pickt Insekten und Spinnen.*
ÄHNLICHE ARTEN *Schilfrohrsänger, Teichrohrsänger, Heckenbraunelle.*

Rohrschwirl

Locustella luscinioides

KOMMT FAST *ausschließlich in Schilfbeständen vor, manchmal auch an grasbewachsenen Küsten.*

Im Gegensatz zu anderen Schwirlen ist der Rohrschwirl nicht gestreift, sondern einfarbig. Er ähnelt dem Feldschwirl, jedoch ist sein Schwanz gerundeter und seine Unterschwanzdecken sind lang und dick. Er kommt in Schilfbeständen vor und ist an seinem Gesang zu erkennen.

STIMME *Kurzer, scharfer, metallischer Ruf; Gesang eher tonlos surrend sörrrrrrrrrrrrrrr.*
BRUTBIOLOGIE *Unordentliches Nest aus Gras und Schilf; 4 Eier, 2 Bruten; Apr.–Jun.*
NAHRUNG *Sucht kleine Insekten und Spinnen in dichter Vegetation.*
ÄHNLICHE ARTEN *Feldschwirl, Seidensänger, Gartengrasmücke.*

Orpheusspötter

Hippolais polyglotta

BRÜTET IN *lichten Gehölzen, Büschen und Obstgärten. Rastet beim Frühjahrs- und Herbstzug an Küsten.*

Der Orpheusspötter, der den sehr ähnlichen, östlicheren Gelbspötter in Südwesteuropa ersetzt, hat einen runderen Kopf, einfarbigere Flügel und einen weniger kraftvollen, flatternden Flug. Er lebt versteckter und hat trotz seines Namens einen unmelodischeren Gesang. Beide Arten erscheinen auf dem Durchzug an Küsten Westeuropas.

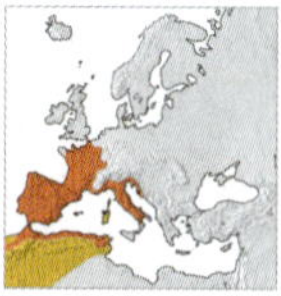

STIMME *Schnalzend* tett, *spatzenähnlich* tr-r-r-r-r; *Gesang plaudernd, Pfeiftöne.*
BRUTBIOLOGIE *Tiefer Napf in Baum oder großem Busch; 4–5 Eier, 1 Brut; Mai–Jul.*
NAHRUNG *Pickt Insekten von Blättern; pflückt im Herbst Beeren von Zweigen.*
ÄHNLICHE ARTEN *Gelbspötter, Gartengrasmücke.*

Gelbspötter

Hippolais icterina

BRÜTET IN *Laub-, Nadel- und offenen Mischwäldern. Rastet beim Durchzug an Küsten.*

Der Gelbspötter ist etwas größer als der sehr ähnliche Orpheusspötter und erscheint oft mit diesem gemeinsam auf dem Durchzug. Seine Stirn ist flacher, die Flügelspitzen länger und er hat ein helleres Flügelfeld. Da er nicht so versteckt lebt, bekommt man ihn häufiger zu Gesicht.

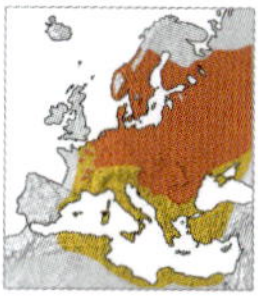

STIMME *Ruf melodisch* ti-ti-lühit, *hart* täk; *Gesang laut, schnell, melodisch, variabel.*
BRUTBIOLOGIE *Tiefer Napf, an Astgabel aufgehängt; 4–5 Eier, 1 Brut; Mai–Aug.*
NAHRUNG *Pickt Insekten von Blättern; zupft Beeren von Zweigen.*
ÄHNLICHE ARTEN *Orpheusspötter, Fitis, Teichrohrsänger.*

Seidensänger

72

Cettia cetti

Der Seidensänger verbirgt sich meist im Dickicht und ist schwierig zu entdecken. Trotzdem kann man ihn gut anhand seines lauten, explodierenden Gesangs lokalisieren. Zwischen den Strophen bewegt er sich allerdings weiter fort und so ist er nicht leicht abzupassen – er scheint immer einen Schritt voraus zu sein.

VERSTECKT SICH *in dichten, feuchten Dickichten in Flussnähe, Gräben und Schilf, oft in Sumpfnähe.*

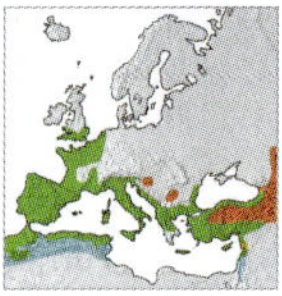

STIMME *Ruf explosiv* plitt; *Gesang laut, klangvoll, etwa* prit itschütt-itschütt-itschütt.
BRUTBIOLOGIE *Napf aus Gras und Blättern im Dickicht; 3–5 Eier, 1–2 Bruten; Apr.–Jun.*
NAHRUNG *Sucht in dichter Vegetation nach Insekten, Spinnen und Schnecken.*
ÄHNLICHE ARTEN *Nachtigall, Teichrohrsänger, Schilfrohrsänger.*

Gartengrasmücke

67

Sylvia borin

Die rundgesichtige Gartengrasmücke hat kaum Zeichnung und außer ihrem Gesang, der wunderbar weich und sprudelnd klingt, wenige typische Merkmale. Sonst eine Einzelgängerin, schließt sie sich im Spätsommer anderen Sängern an, um Beeren zu sammeln. Trotz ihres Namens besucht sie selten Gärten, außer, um auf dem Durchzug Nahrung zu suchen.

BRÜTET IN *offenen Wäldern, Parks mit vielen Bäumen, Dickichten und einzelnen Bäumen.*

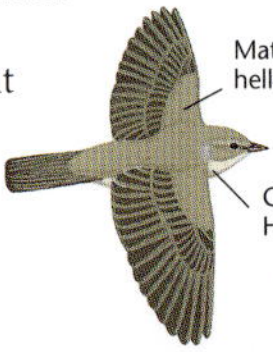

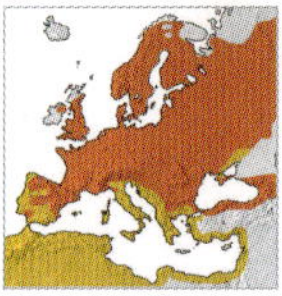

STIMME *Ruf satt* täk, *weich* tschäk-tschäk-tschäk; *Gesang reich, schnell, melodisch.*
BRUTBIOLOGIE *Flache Schale aus Gras und Moos in Busch; 4–5 Eier, 1 Brut; Mai–Jul.*
NAHRUNG *Pickt Insekten und Spinnen von Blättern; im Herbst Beeren, Sämereien.*
ÄHNLICHE ARTEN *Mönchsgrasmücke, Teichrohrsänger, Grauschnäpper.*

Teichrohrsänger

70

Acrocephalus scirpaceus

Auch wenn er manchmal in Weiden Nahrung sucht, die über das Wasser wachsen, ist der Teichrohrsänger ein typischer Schilfvogel, der meisterhaft senkrechte Halme umfassen und durch dichtes Schilf schlüpfen kann. Dem Sumpfrohrsänger sehr ähnlich, kann man ihn an seinem rhythmischen Gesang erkennen.

LEBT IN *Schilfbeständen, schilfigen Gräben und Weiden in Gewässernähe. Durchzügler an Küsten.*

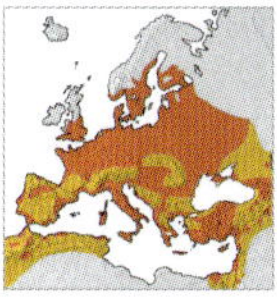

STIMME *Ruf* trschrrä *oder* tschk; *Gesang rhythmisch, etwa* trrik trrik trrik, tschr tschr.
BRUTBIOLOGIE *Tiefer Grasnapf, um Schilfhalme geflochten; 3–5 Eier, 2 Bruten; Mai–Jul.*
NAHRUNG *Insekten und Spinnen auf Schlamm, in feuchter Vegetation; Samen.*
ÄHNLICHE ARTEN *Sumpfrohrsänger, Schilfrohrsänger, Rohrschwirl.*

Sumpfrohrsänger

Acrocephalus palustris

Obwohl sein Gefieder matter und der Körper rundlicher ist als der des Teichrohrsängers, ist der Sumpfrohrsänger schwer zu bestimmen, bis er zu singen beginnt. Dann setzt er zu einem herrlichen, zwitschernden und trillernden Gesang an, der voll von Nachahmungen afrikanischer und europäischer Vogelstimmen ist.

KOMMT IN *dichter Feuchtvegetation wie Seggen, Weiden und Nesseln vor, mit und ohne Schilf.*

STIMME *Ruf hart* tschek; *Gesang flüssig, schnell, nasal, viele Nachahmungen.*
BRUTBIOLOGIE *Grasnapf, von starken Halmen gehalten; 4–5 Eier, 1 Brut; Jun.–Jul.*
NAHRUNG *Sucht in dichter Vegetation nach Insekten und Spinnen; auch Beeren.*
ÄHNLICHE ARTEN *Teichrohrsänger, Schilfrohrsänger, Rohrschwirl.*

Sperbergrasmücke

Sylvia nisoria

Die Sperbergrasmücke ist einer der großen Zweigsänger und mit ihrer gebänderten Unterseite und dem strengen Blick dem Wendehals ähnlich, mit dem sie nicht nah verwandt ist. Sie ist massig und aggressiv und hält sich gern versteckt im Dickicht auf.

BRÜTET AUF *Waldlichtungen und an buschigen Stellen. Seltener Durchzügler an Küsten in Dickichten und auf Dünen.*

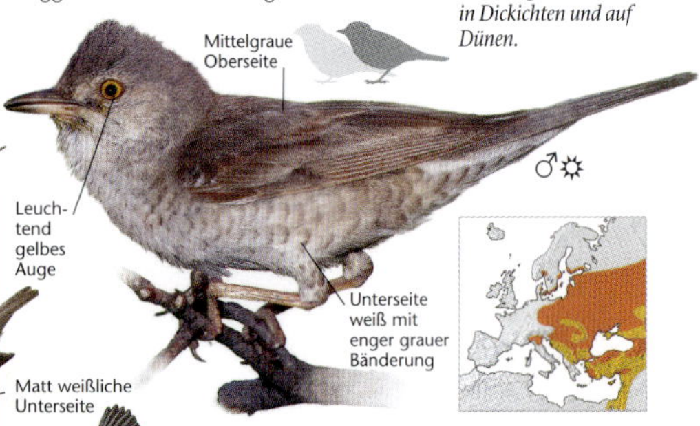

STIMME *Laut, trocken, hart ratternd* trrr-r-r-rt; *Gesang lang, melodisch, etwas hart.*
BRUTBIOLOGIE *Großes Nest in dornigem Busch oder Strauch; 4–5 Eier, 1 Brut; Mai–Jul.*
NAHRUNG *Pickt Insekten und Spinnen von Blättern; auch Beeren.*
ÄHNLICHE ARTEN *Wendehals, Gartengrasmücke, Mönchsgrasmücke.*

Drosselrohrsänger 71

Acrocephalus arundinaceus

Der massige, fast drosselgroße Drosselrohrsänger ist kaum zu übersehen, wenn er von einer Baumspitze oder einem Schilfhalm seine typischen knarrenden Strophen singt. Trotz seiner Größe findet man ihn manchmal in sehr kleinen Flecken von Schilf oder hohem Gras, oft an Gräben und Bewässerungsrinnen.

BRÜTET IN *Schilfbeständen und Schilfstreifen in Flussnähe und an zeitweise überfluteten Stellen.*

STIMME *Ruf knarrend* krrrr, *schnalzend* tschak; *Gesang laut und rau, Verzögerungen, schrille und knarrende Laute.*
BRUTBIOLOGIE *Nest an Halmen über Wasser aufgehängt; 3–6 Eier, 1–2 Bruten; Mai–Aug.*
NAHRUNG *Sammelt Insekten, Spinnen, kleine Wirbellose von Blättern und Schilf.*
ÄHNLICHE ARTEN *Teichrohrsänger, Singdrossel*

Trauerschnäpper

Ficedula hypoleuca

BRÜTET GERN *in Nistkästen und in alten Wäldern mit freiem Raum zwischen den Kronen, wo er jagen kann.*

Ein brütendes Trauerschnäpper-Männchen ist auffallend schwarz-weiß gefärbt und schwer zu übersehen, wenn es sich von einem Ansitz im Wald stürzt, um Insekten im Flug zu fangen. Nach der Mauser im Herbst ähnelt es dem brauneren Weibchen.

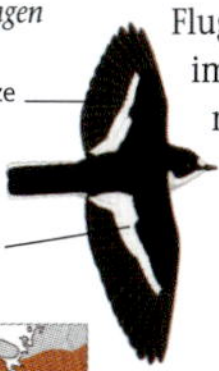

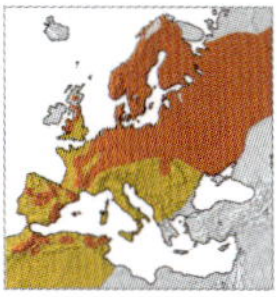

STIMME *Scharf* bit *oder* bist*; Gesang rhythmisch, wie* wüt-si, wüt-si, wüt-si tsi-tsi-tsi.
BRUTBIOLOGIE *Napf aus Blättern und Moos in Baumloch; 5–9 Eier, 1 Brut; Apr.–Mai.*
NAHRUNG *Fängt Fliegen in der Luft, pickt Insekten von Blättern und vom Boden; auch Samen und Beeren.*
ÄHNLICHE ARTEN *Grauschnäpper.*

Grauschnäpper

Muscicapa striata

JAGT FLIEGENDE *Insekten von Ansitzen in offenem Waldland, in Parks und Gärten mit Büschen und Bäumen.*

Scharfsichtig und wachsam, ist der Grauschnäpper darauf spezialisiert, von einem Ansitz aus fliegende Insekten zu jagen. Mit schnellen Flügelschlägen stürzt er sich auf seine Beute und kehrt meist zum selben Ansitz zurück: eine Technik, die ihn trotz seines unscheinbaren Gefieders unverkennbar macht.

STIMME *Ruf kurz, scharf* zrri*; Gesang kurz, kratzend, schwach und unauffällig.*
BRUTBIOLOGIE *Napf aus Gras, Blättern, Moos in Nische; 3–5 Eier, 1–2 Bruten; Jun.–Aug.*
NAHRUNG *Fängt Fliegen in der Luft; startet vom Ansitz und kehrt zum selben zurück.*
ÄHNLICHE ARTEN *Gartengrasmücke, Trauerschnäpper-Weibchen.*

Uferschwalbe

Riparia riparia

Die kleinste europäische Schwalbe ist im Frühjahr die erste, die an den nördlichen Brutplätzen eintrifft. Zu dieser Jahreszeit jagt sie über Wasseroberflächen, wo sie viele fliegende Insekten fangen kann. Sie stürzt sich mit schnellen Flügelschlägen auf ihre Beute. Immer gesellig, rastet sie in lebhaft zwitschernden Trupps.

BRÜTET IN *Kolonien in Erdwänden und Sandgruben, oft in Gewässernähe, in selbstgegrabenen Nesthöhlen.*

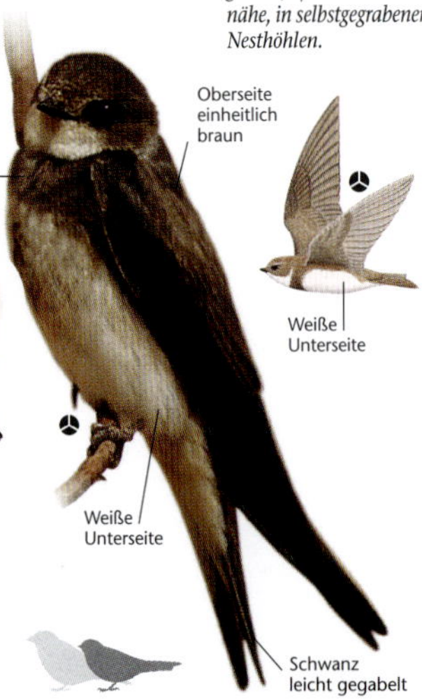

STIMME *Tief, raspelnd* tschrrp; *Gesang ähnliche Lautfolgen, leises Zwitschern.*
BRUTBIOLOGIE *Bohrt Höhle in Erde oder weichen Sandstein; 4–5 Eier, 2 Bruten; Apr.–Jul.*
NAHRUNG *Fängt im Flug Insekten, oft über Wasser; selten auf nacktem Boden.*
ÄHNLICHE ARTEN *Alpensegler, Mauersegler, Mehlschwalbe.*

Mehlschwalbe

Delichon urbicum

Die Mehlschwalbe mit ihrem schwarz-weißen Gefieder ist in vielen Städten und Dörfern ein häufiger Brutvogel. Sie jagt ausschließlich in der Luft nach kleinen Fliegen und ähnlicher Beute, während sie hoch über den Dächern oder tief über der Wasseroberfläche kreist. Sie kommt nur auf den Boden, um Schlamm für ihr Nest zu sammeln.

SAMMELT SICH *vor dem Zug in Trupps auf Leitungsdrähten. Brütet an Hauswänden, jagt oft über Feuchtgebieten.*

STIMME *Hart, schnell* prrit *oder* tschrrit tschirit; *Gesang zwitschernd, ähnliche Laute.*
BRUTBIOLOGIE *Geschlossenes Schlammnest mit Eingang oben, unter Dachrinne oder Überhang; 4–5 Eier, 2–3 Bruten; Apr.–Sept.*
NAHRUNG *Fängt in der Luft Insekten.*
ÄHNLICHE ARTEN *Rauchschwalbe, Uferschwalbe, Mauersegler.*

Felsenschwalbe

Ptyonoprogne rupestris

Obwohl sie der Uferschwalbe ähnelt, ist die Felsenschwalbe viel größer und ihr Flug kraftvoll und elegant. Sie gleitet in Aufwinden Felswände entlang und pendelt dabei mit raschen Wendungen hin und her. Aus der Nähe kann man sie sehen, wenn sie in Pfützen Schlamm für ihr Nest sammelt.

BAUT SCHLAMMNESTER *an Mauern in alten Städten und in Schluchten mit breiten, steinigen Flussbetten.*

STIMME *Kurzes, hohes, metallisches* tschirr; *Gesang schnell, zwitschernd.*
BRUTBIOLOGIE *Schlammnest unter Felsenüberhang oder an Gebäude, Brücke oder Tunnel; 4–5 Eier, 1–2 Bruten; Apr.–Jun.*
NAHRUNG *Fängt Insekten in der Luft.*
ÄHNLICHE ARTEN *Uferschwalbe, Alpensegler, Mehlschwalbe.*

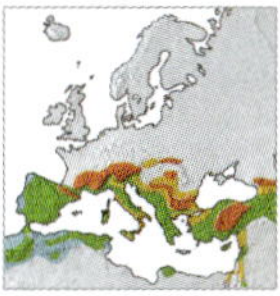

TIPP

Achten Sie auf längliche weiße Flecken nahe der Schwanzspitze. Auch wenn sie nicht immer gut zu sehen sind, sind sie ein Artmerkmal.

Rötelschwalbe

Cecropis daurica

Sitzend ist die Rötelschwalbe an ihrem rötlich braunen Halskragen zu erkennen, in der Luft ist es schwierig, sie aus einem Trupp verschiedener Schwalben herauszufinden. Sie fliegt steifer und weniger wendig, mit flachen Flügelschlägen, meist über Gegenden, wo sie Felsen zum Brüten findet.

LEBT IM *Gebirge oder an Küsten mit Felsen und Schluchten, in alten Städten und Dörfern.*

STIMME *Kennzeichnend, dünn* twiik *oder* tsik, *schärfer* kiir; *Gesang zwitschernd, tiefer und rauer als Rauchschwalbe.*
BRUTBIOLOGIE *Halbkugeliges Schlammnest mit Eingangsröhre unter Überhang oder Dachrinne; 3–5 Eier, 2–3 Bruten; Apr.–Jun.*
NAHRUNG *Fängt Fliegen im Flug.*
ÄHNLICHE ARTEN *Rauch-, Mehlschwalbe.*

Rauchschwalbe

52

Hirundo rustica

Die Rauchschwalbe ist im Sommer in der Nähe von Bauernhöfen ein gewohnter Anblick, da sie bevorzugt in Ställen und Scheunen brütet, wo sie immer ausreichend große Fliegen findet. Sie fängt diese im Flug, oft elegant direkt zwischen weidendem Vieh, und benutzt ihren langen Schwanz als Steuer, um seitlich auszuweichen und rasch zu wenden. An ihren Schwanzspießen und ihrer tief rostroten Kehle erkennt man sie meist im Flug und sie ist höchstens mit der Rötelschwalbe zu verwechseln, die aber einen roten Nacken- und Bürzelfleck besitzt. Oft sitzt sie auf Leitungsdrähten, besonders im Herbst, bevor sie nach Afrika zieht.

SAMMELT SICH *in Trupps, die vor dem Zug nach Afrika in langen Reihen auf Stromleitungen sitzen. Fliegt über Flusstälern, Gras- und Kulturland und brütet in Dörfern und Gehöften.*

STIMME *Ruf flüssig* witt witt witt, *härter* tswit-tswit; *Gesang trillerndes Gezwitscher.*
BRUTBIOLOGIE *Offener Napf aus Schlamm und Stroh, auf Balken oder Mauervorsprung außen; 4–6 Eier, 2–3 Bruten; Apr.–Aug.*
NAHRUNG *Fliegt tief, um Insekten, v.a. große Fliegen, zu fangen.*
ÄHNLICHE ARTEN *Rötel-, Mehlschwalbe, Mauersegler.*

TIPP

Rauchschwalben brüten meist in Ställen und Scheuen. Man kann sie beobachten, wenn sie ausfliegen, um Futter für die Jungen zu bringen.

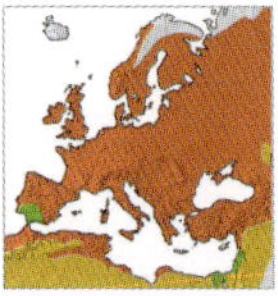

Schwarzkehlchen

63

Saxicola torquatus

Das Schwarzkehlchen ist eine Art des offenen, buschigen Geländes. Es sitzt oft auf der Spitze eines Busches, sein schimpfender Ruf und das schwarz-weiße Kopfmuster des Männchens sind auffällig. Oft stößt es herab, um Beute am Boden zu fangen, und fliegt heftig mit den Flügeln schwirrend wieder zum Ansitz.

SITZT *exponiert an freien Plätzen mit Büschen und Heide, an Küsten und in Mooren.*

STIMME *Hart, schimpfend* tsäk *oder* tsäk-tsäk, *scharf* wiet; *Gesang schnell, harsch.*
BRUTBIOLOGIE *Grasnapf, oft im Gras, mit Eingangstunnel; 5–6 Eier, 2 Bruten; Mai–Jul.*
NAHRUNG *Insekten und Spinnen am Boden, fliegende Insekten in der Luft; Samen.*
ÄHNLICHE ARTEN *Braunkehlchen, Steinschmätzer, Gartenrotschwanz.*

Braunkehlchen

Saxicola rubetra

Das Braunkehlchen sieht dem Schwarzkehlchen ähnlich, hat aber einen weißen Überaugenstreif und ist in Europa nur Sommergast. Es bevorzugt ungepflegtes Grasland, Heiden und Moore. Sein Bestand nimmt ab, weil diese Lebensräume durch intensive Landwirtschaft verschwinden.

BRÜTET AUF *offenen Stellen mit Heide, Gras und jungen Bäumen. Durchzügler an der Küste.*

STIMME *Lautes* jü-tek-tek-tek; *Gesang variabel, melodisch mit harschen Tönen.*
BRUTBIOLOGIE *Grasnapf in Grasbüschel oder am Boden; 5–6 Eier, 1–2 Bruten; Mai–Jul.*
NAHRUNG *Fängt vom Ansitz aus Insekten und Würmer; auch Beeren, Samen.*
ÄHNLICHE ARTEN *Steinschmätzer, Schilfrohrsänger, Schwarzkehlchen.*

Rotkehlchen

60

Erithacus rubecula

LEBT IN *offenen Wäldern, buschigen Heiden sowie in Parks und Gärten mit Hecken und Sträuchern.*

Das Rotkehlchen ist in den meisten Teilen seines Verbreitungsgebiets ein scheuer Waldvogel. Es ist darauf spezialisiert, Wildschweinen zu folgen, um Kleintiere aus der von ihnen aufgewühlten Erde zu picken. Manchmal folgt es auch Gärtnern beim Umgraben.

STIMME *Scharf* tik, *schnell* tik-ik-ik-ik, *hoch, dünn* siiiip; *Gesang perlend, reich.*
BRUTBIOLOGIE *Überdachtes Grasnest in Busch; 4–6 Eier, 2 Bruten; Apr.–Aug.*
NAHRUNG *Spinnen, Insekten, Würmer, Beeren und Samen v.a. vom Boden.*
ÄHNLICHE ARTEN *Heckenbraunelle, Nachtigall, Gartenrotschwanz.*

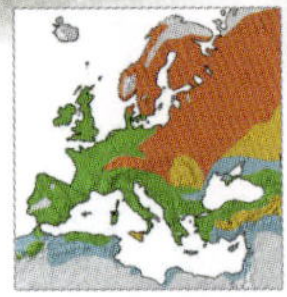

Blaukehlchen

Luscinia svecica

BRÜTET IN *feuchten Dickichten und Wäldern, Heiden und buschiger Tundra. Durchzügler an der Küste.*

Das scheue Blaukehlchen ist ein Vogel feuchter Orte wie sumpfiger Stellen in nordischen Wäldern und Dickichten bei Schilfflächen. Auch in künstlichen Lebensräumen wie Baggerseen hat es sich angesiedelt. Vögel aus dem Norden tragen einen roten Brustfleck, südliche einen weißen, östliche gar keinen.

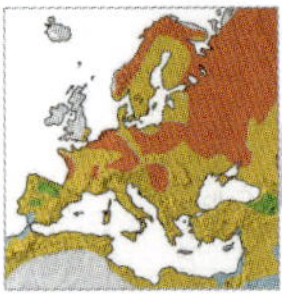

STIMME *Scharfes* täk, *weicheres* whiit; *Gesang kräftig, beschleunigende Einleitung zu melodischen Phrasen, viele Nachahmungen.*
BRUTBIOLOGIE *Kleiner Grasnapf in niedrigem Busch; 5–7 Eier, 1 Brut; Mai–Jun.*
NAHRUNG *Sucht bodennah in Deckung Insekten, Beeren, Sämereien.*
ÄHNLICHE ARTEN *Rotkehlchen, Nachtigall.*

Gartenrotschwanz

Phoenicurus phoenicurus

Ein Gartenrotschwanz-Männchen ist im Frühling und Sommer sehr hübsch und an seinem lieblichen Gesang gut zu erkennen. Das unauffälligere Weibchen zuckt wie das Männchen ständig mit seinem roten Schwanz. Gartenrotschwänze bevorzugen alte Wälder mit locker stehenden Bäumen.

BRÜTET IN *offenen Wäldern mit spärlichem Unterwuchs. Durchzügler an Küsten und Seen.*

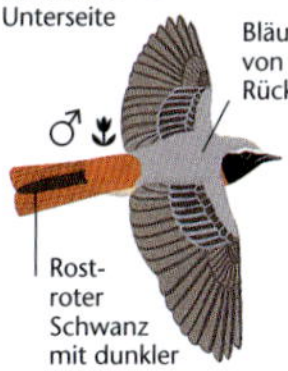

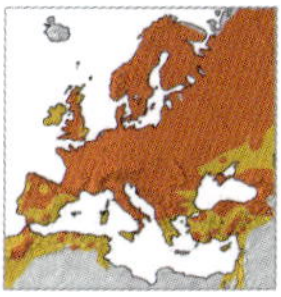

STIMME *Klar* whiit, *scharf* täk; *Gesang kurz, zwitschernd, endet mit Triller.*
BRUTBIOLOGIE *Grasnest mit Federn ausgekleidet in Höhlung; 5–7 Eier, 1 Brut, Mai–Jun.*
NAHRUNG *Insekten, Spinnen, Würmer in Blättern oder am Boden; auch Beeren.*
ÄHNLICHE ARTEN *Hausrotschwanz, Rotkehlchen, Nachtigall.*

Hausrotschwanz

62

Phoenicurus ochruros

Der Hausrotschwanz ist ein Vogel steiniger Hänge und tiefer Schluchten mit Geröll und Felsen. Er brütet auch auf Abbruchflächen in Industriegebieten und Städten in alten Gebäuden mit geeigneten Wandlöchern. Der hellere Gartenrotschwanz hingegen kommt fast ausschließlich in bewaldeten Gebieten vor.

KOMMT IM *Gebirge, an felsigen Küsten, in Steinbrüchen und auf Abbruchflächen in Industriegebieten und Städten vor.*

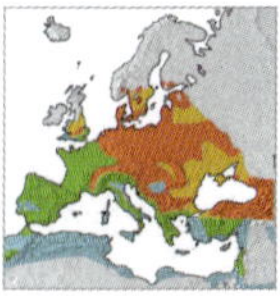

STIMME *Ruf hart, ratternd* tsit, täk-täk; *Gesang mit knirschenden Lauten, Trillern.*
BRUTBIOLOGIE *Grasnest in Loch in Gebäude oder Felsen; 4–6 Eier, 2 Bruten, Mai–Jul.*
NAHRUNG *Fliegt und springt nach Insekten; Würmer, Beeren, Sämereien.*
ÄHNLICHE ARTEN *Gartenrotschwanz, Trauersteinschmätzer, Heckenbraunelle.*

SINGT IM *Dickicht in verbuschten Wasserrinnen und Heiden, Gehölzen und überwucherten Gärten.*

Nachtigall

61

Luscinia megarhynchos

Obwohl der Gesang der Männchen berühmt ist, ist die Nachtigall äußerst schwierig zu entdecken. Sie schlüpft durch dichte Vegetation, oft nah am Boden. Mit dem unauffälligen Gefieder ähnelt sie einem jungen Rotkehlchen oder einer Gartengrasmücke, aber sie hat einen längeren, rötlich- braunen Schwanz, der im Flug auffällt.

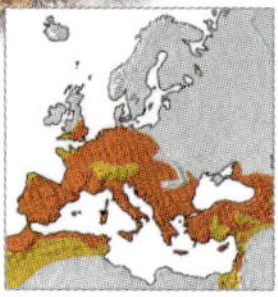

STIMME *Ruf tiefes, kehliges* kerr, *hohes* hwiit; *Gesang schluchzend, kehlige Triller.*
BRUTBIOLOGIE *Kleiner Napf aus Blättern, gepolstert mit Gras und Haaren, in einem niedrigen Busch; 5–7 Eier, 1 Brut; Mai–Jun.*
NAHRUNG *Würmer, Larven, Käfer, Beeren.*
ÄHNLICHE ARTEN *Rotkehlchen (jung), Gartengrasmücke, Gartenrotschwanz.*

BRÜTET IN *dichtem Unterholz, besonders in Flussnähe.*

Sprosser

Luscinia luscinia

Das nördliche und östliche Gegenstück zur Nachtigall sieht ihrer berühmten Verwandten ausgesprochen ähnlich. Die Unterschiede im Gefieder sind sehr unauffällig, im Durchschnitt ist diese Art etwas grauer und matter, an Bürzel und Schwanz weniger kräftig rotbraun. Sie hat einen zarten Bartstreif und die Brust ist eher gesprenkelt als einfarbig. Im Gesang fehlen die brillanten langen, dünnen aufsteigenden Töne der Nachtigall.

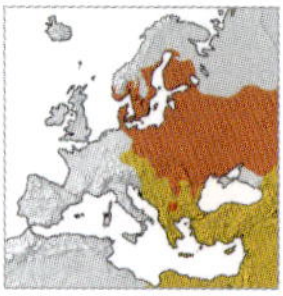

STIMME *Ruf pfeifendes* hwitt, *knarrend.*
BRUTBIOLOGIE *Napf aus Gras und Blättern, oft in Gewässernähe; Eier beige, olivgrün oder graublau mit roten Sprenkeln, 1 Brut; Apr.–Jul.*
NAHRUNG *Insekten und andere Wirbellose; manchmal Früchte.*
ÄHNLICHE ARTEN *Nachtigall, Rotkehlchen (Jungvogel), Gartengrasmücke*

Mittelmeersteinschmätzer

Oenanthe hispanica

LEBT IN *einer Vielzahl warmer, offener, oft öder Plätze mit wenigen Büschen, an Felsen und hoch gelegenen steinigen Weiden im Mittelmeerraum.*

Schlanker, weniger massig als der Steinschmätzer und mit einer schmaleren schwarzen Schwanzbinde, kommt der Mittelmeersteinschmätzer in zwei Formen vor, einer schwarzkehligen und einer weißkehligen. Das Gefieder des Männchens im Frühjahr ist charakteristisch schwarz und hell beigefarben, aber Weibchen, Jungvögel und Männchen können zu jeder anderen Jahreszeit schwierig zu bestimmen sein. An warmen mediterranen Hängen ist die Art häufig und sitzt oft auf niedrigen Büschen und großen Halmen.

TIPP

Der Mittelmeersteinschmätzer sieht, von den Männchen im Frühjahr abgesehen, dem Steinschmätzer sehr ähnlich, sitzt aber im Gegensatz zu diesem gerne auf Büschen.

STIMME *Ruf zischend* tschre, *hart* tek*; Gesang schnelles, ratterndes Zwitschern, recht hell und explosiv, mit einigen Nachahmungen.*
BRUTBIOLOGIE *Napf aus Gras und Pflanzenmaterial in Loch, unter Steinen oder an Basis eines Busches; 4–5 Eier, 1–2 Bruten; Apr.–Jun.*
NAHRUNG *Beobachtet von einem Busch oder Stein aus, fliegt auf den Boden, um Insekten oder Spinnen zu fangen; jagt ihnen manchmal hinterher, fliegt dann zum Ansitz zurück; nimmt kleine Sämereien.*
ÄHNLICHE ARTEN *Steinschmätzer, Schwarzkehlchen.*

Steinschmätzer

Oenanthe oenanthe

Im Sommer kommt der Steinschmätzer in offenen, steinigen Lebensräumen vor, als Durchzügler ist er auch an Küsten und auf Äckern zu sehen. Er fliegt typischerweise vor dem Menschen vom Boden auf und setzt sich nicht weit entfernt wieder und bei jedem Auffliegen blitzt sein weißer Bürzel auf.

BRÜTET *v. a. im Hochland mit Polsterpflanzen und Geröll oder Abhängen mit offenem Grasland.*

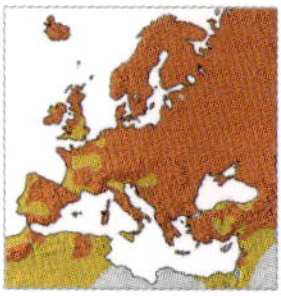

STIMME *Hartes* täk-täk, *helles* hui-täk-täk; *Gesang knirschendes Zwitschern.*
BRUTBIOLOGIE *Grasnapf in Bodenhöhle oder Steinmauer; 5–6 Eier, 1–2 Bruten; Apr.–Jul.*
NAHRUNG *Rennt und hüpft nach Insekten und Spinnen; fängt Fliegen in der Luft.*
ÄHNLICHE ARTEN *Mittelmeersteinschmätzer, Braunkehlchen.*

Trauersteinschmätzer

Oenanthe leucura

Dieser fast einheitlich dunkle Steinschmätzer ist oft schwer zu sehen, wenn er im Schatten von Felsen in seinen mediterranen Lebensräumen nach Nahrung sucht. Wenn er jedoch auffliegt, verrät er sich durch seinen auffälligen weißen Bürzel und den Schwanz mit der für Steinschmätzer typischen »T«-Zeichnung.

STANDVOGEL *auf steinigen, grasbewachsenen Hängen mit Geröll und Polsterpflanzen.*

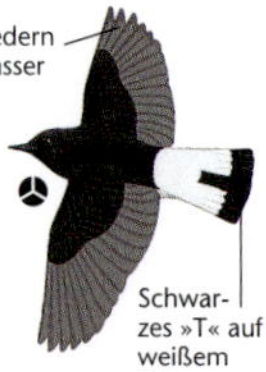

STIMME *Hell pfeifend* piüp, *hart* tät-tät; *Gesang tief, reich oder harsches Zwitschern.*
BRUTBIOLOGIE *Grasnapf in Bodenhöhle, zwischen Steinen; 5–6 Eier, 1–2 Bruten; Apr.–Jul.*
NAHRUNG *Stößt vom Ansitz auf Insekten und Spinnen herab.*
ÄHNLICHE ARTEN *Mittelmeersteinschmätzer, Steinschmätzer, Amsel.*

Feldsperling

Passer montanus

LEBT IN *Agrarland mit einzelnen Bäumen, in Parks, Wäldern und an Waldrändern; in Süd- und Osteuropa auch in Städten.*

Der Feldsperling kommt seltener in Städten vor als der Haussperling, er bevorzugt Waldgebiete und Agrarland. Beide Geschlechter unterscheiden sich kaum und haben einen braunen Oberkopf und schwarze Wangenflecken. Der Feldsperling sucht häufig auf dem Boden Futter, oft zusammen mit Finken.

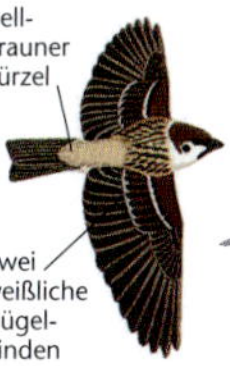

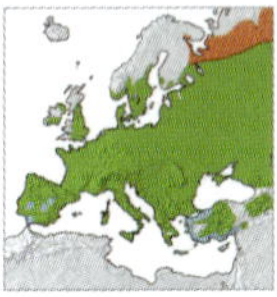

STIMME *Ruf laut* tschilpend, *zweisilbig* tschi-wit; *hart* tett-ett-ett *im Flug.*
BRUTBIOLOGIE *Grasnest in Baum- oder Mauerloch; 4–6 Eier, 2–3 Bruten; Apr.–Jul.*
NAHRUNG *Sämereien vom Boden, Insekten und Knospen; besucht Futterstellen.*
ÄHNLICHE ARTEN *Haussperling, Weidensperling.*

TIPP

Auf den ersten Blick dem Haussperlingsmännchen ähnlich, hat diese Art einen typischen harten Ruf im Flug und ein anderes Kopfmuster.

Haussperling

91

Passer domesticus

LEBT IN *Städten, Dörfern, auf Bauernhöfen und Agrarland; selten in unbewohnten Gegenden zu finden.*

Der Haussperling ist eine der bekanntesten Vogelarten, da er oft an Gebäuden brütet. Das Männchen hat einen schwarzen Kehllatz und eine graue Kappe, das Weibchen ist jedoch leicht mit einem Finkenweibchen zu verwechseln. In den letzten Jahren haben die Bestände abgenommen.

STIMME *Lebhaft* tschilp, *lauter Chor im Schwarm; Gesang Serie von Tschilplauten.*
BRUTBIOLOGIE *Nest aus Gras und Federn in Höhle; 3–7 Eier, 1–4 Bruten, Apr.–Aug.*
NAHRUNG *Sämereien, Beeren, meist vom Boden; füttert Nestlinge mit Insekten.*
ÄHNLICHE ARTEN *Weidensperling, Buchfinken-Weibchen.*

Weidensperling

Passer hispaniolensis

Der Weidensperling ist dem Haussperling ähnlich, jedoch ist v.a. das Männchen im Sommer auffälliger gemustert. Er ist gesellig, brütet in Kolonien und tritt oft in großen Schwärmen auf. Er kommt in Dickichten und Agrarland vor, manchmal auch in Städten.

SUCHT IN *Agrarland, Dörfern und an feuchten Stellen mit Weidendickichten Nahrung.*

STIMME *Tschilpende Rufe, etwas höher und metallischer als Haussperling.*
BRUTBIOLOGIE *Massiges Grasnest im Dickicht, Kolonien; 3–7 Eier, 1–2 Bruten; Apr.–Jul.*
NAHRUNG *Samen und Beeren, meist vom Boden; füttert Nestlinge mit Insekten.*
ÄHNLICHE ARTEN *Haussperling, Feldsperling.*

Steinsperling

Petronia petronia

Der blasse, matt gestreifte Steinsperling kommt in trockenen, steinigen Lebensräumen in Südeuropa vor. Er ist schwer zu sehen, wenn er auf einer Felsenkante sitzt. Am besten erkennt man ihn an seinem nasalen Ruf. Sein großer zweifarbiger Schnabel und der gestreifte Oberkopf sind die besten Bestimmungsmerkmale.

LEBT IN *steinigen oder sandigen Gegenden, Schluchten und Bergregionen. Trinkt an Pfützen.*

STIMME *Kennzeichnend nasal nach oben gezogen wäi oder* tsäi, *oft wiederholt.*
BRUTBIOLOGIE *Grasnest in Felshöhle oder Gebäude; 5–6 Eier, 2–3 Bruten, Mai–Jul.*
NAHRUNG *Insekten und wirbellose Tiere auf dem Boden, zwischen Steinen, Gras.*
ÄHNLICHE ARTEN *Grauammer, Haussperlings-Weibchen, Zaunammer-Weibchen.*

Heckenbraunelle

59

Prunella modularis

SUCHT IN *niedrigen, dichten Büschen, in Heiden und Mooren, Wäldern, Parks und Gärten nach Nahrung.*

Obwohl sie einer der vielen spatzenähnlichen Vögel ist, hat die Heckenbraunelle einen feinen Schnabel und sucht typisch geduckt am Boden nach Nahrung. Wird sie gestört, fliegt sie nah am Boden in den nächsten dichten Busch.

STIMME *Laut, hoch, durchdringend* tsiiiht, *vibrierend* tihihihi*; Gesang hoch, schnell.*
BRUTBIOLOGIE *Grasnapf, mit Federn ausgekleidet; 4–5 Eier, 2–3 Bruten; Apr.–Jul.*
NAHRUNG *Insekten und Samen vom Boden, sucht geduckt laufend unter Büschen.*
ÄHNLICHE ARTEN *Rotkehlchen, Zaunkönig, Haussperling.*

Alpenbraunelle

Prunella collaris

BRÜTET IN *großer Höhe an Hängen mit kurzem Gras und Steinen. Kommt im Winter in niedrigere Lagen.*

Die Alpenbraunelle, die wie eine große, stark gestreifte Heckenbraunelle aussieht, ist ein Vogel des Hochgebirges mit Matten und Geröll und von fast reinen Felsregionen. Im Winter kommt sie in niedrigere Lagen und taucht oft an alten Gebäuden wie Schlossruinen auf, wo sie recht zutraulich werden kann.

TIPP

Da der gestreifte Rücken, der graue Kopf und die rostbraunen Flanken schwer zu sehen sein können, ist das beste Erkennungsmerkmal das Flügelfeld.

STIMME *Kurz, trillernd oder rollend* ti-ti-ti*; Gesang unregelmäßige Strophen mit Trillern und Quietschen, manchmal im Flug.*
BRUTBIOLOGIE *Grasnest in Felsspalte oder unter Steinen; 3–5 Eier, 2 Bruten; Mai–Aug.*
NAHRUNG *Sucht am Boden nach Insekten, Spinnen und Sämereien.*
ÄHNLICHE ARTEN *Heckenbraunelle.*

Girlitz

Serinus serinus

KOMMT IN *Olivenhainen, Obstgärten, Weinbergen, offenen Wäldern, Parks, Gärten und Alleen vor.*

Der farbenfrohe Vogel mit seinen scharfen Rufen ist einer der häufigsten Finken im Mittelmeergebiet. Männchen singen oft von der Spitze dünner Nadelbäume oder während ihres flatternden Singfluges. Obwohl leicht zu erkennen, kann man sie mit entflogenen Kanarienvögeln verwechseln.

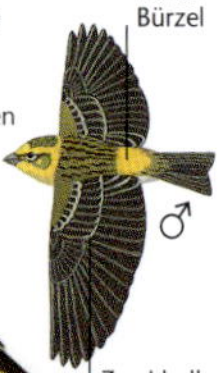

STIMME *Silbriges Trillern, zir-lit, ansteigend twiii; Gesang schnell, scharf, Trillern und Zwitschern, oft während Singflug.*
BRUTBIOLOGIE *Grasnapf, mit Haaren gepolstert, in Busch; 4 Eier, 2–3 Bruten; Mai–Jul.*
NAHRUNG *Nimmt winzige Samen vom Boden oder niedrigen Pflanzen auf.*
ÄHNLICHE ARTEN *Erlenzeisig, Zitronengirlitz.*

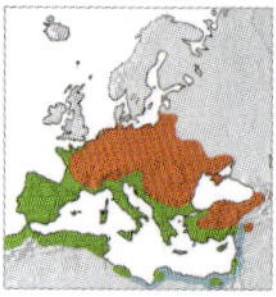

Zitronengirlitz

Carduelis citrinella

BRÜTET IN *Bergwäldern und an steinigen Matten nahe der Baumgrenze, kommt kaum außerhalb vor.*

Der zierliche Zitronengirlitz kommt im Gebirge vor und ernährt sich hauptsächlich von Fichtensamen. Die graue, grüne und zitronengelbe Färbung und die auffallend gebänderten Flügel sind charakteristisch, auch wenn die Vögel Grünfinken und Erlenzeisigen ähneln können.

STIMME *Kurz* tät *oder* de-de-de; *Gesang schnell, variabel, feines Trillern und Zwitschern, pfeifende Töne.*
BRUTBIOLOGIE *Nest aus Gras und Flechten hoch in Baum; 4–5 Eier, 1–2 Bruten; Mai–Jul.*
NAHRUNG *Holt Samen sowohl von Bäumen als auch vom Boden.*
ÄHNLICHE ARTEN *Girlitz, Erlenzeisig, Grünfink.*

Erlenzeisig

Spinus spinus

Der Erlenzeisig ist auf Baumsamen spezialisiert und v. a. an Nadelbäume wie Kiefern und Fichten gebunden. Meist sucht er hoch in den Bäumen nach Nahrung. Im Frühling singen die Männchen von Baumspitzen. Im Winter suchen Erlenzeisige in Schwärmen nach Nahrung, oft mit Birkenzeisigen.

NIMMT IN *Gärten Erdnüsse, brütet in Fichten- und Kiefernwäldern. Im Winter weiter verbreitet, oft auf Erlen und Lärchen.*

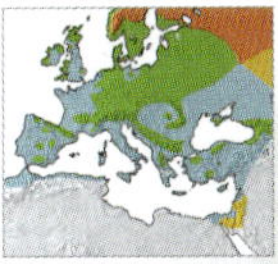

STIMME *Ruf nasal* deäh, *kurz* te-te-te; *Gesang mit Trillern und Zwitschern.*
BRUTBIOLOGIE *Nest aus Zweigen und Halmen, mit Dunen ausgelegt, hoch in Baum; 4–5 Eier, 1–2 Bruten; Mai–Jul.*
NAHRUNG *Samen von Kiefern, Lärchen, Erlen, Birken und anderen Bäumen.*
ÄHNLICHE ARTEN *Grünfink, Birkenzeisig, Girlitz.*

Grünfink

95

Chloris chloris

Männchen sind an ihrem grünen Gefieder mit leuchtend gelben Flecken und dem eher strengen Blick zu erkennen. Die matter gefärbten Weibchen und Jungvögel sind schwieriger zu bestimmen. Im Frühling singen die Männchen auf kreisenden Balzflügen.

NIMMT AN *Futterspendern Sonnenblumenkerne. Brütet in offenen Wäldern, Hecken, Gärten.*

STIMME *Ruf kurz* jüp, *ansteigend* juit; *Gesang Serien von Trillern und Summen, etwa* djüp-djüp-djüp-djürrrrr.
BRUTBIOLOGIE *Massiges Nest aus Gras, Zweigen in Baum; 4–6 Eier, 1–2 Bruten; Apr.–Jul.*
NAHRUNG *Samen von Bäumen und Kräutern, auch vom Boden; Beeren und Nüsse.*
ÄHNLICHE ARTEN *Girlitz, Erlenzeisig.*

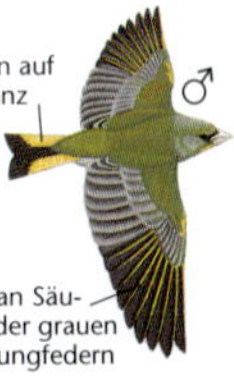

Stieglitz

94

Carduelis carduelis

Die bunten Stieglitze suchen in Schwärmen auf Ödland und an Feldrainen nach Nahrung und picken mit ihren spitzen Schnäbeln halbreife Samen aus Disteln, Karden und ähnlichen Pflanzen. Sie sind sehr agil und hängen oft kopfüber an den Blütenköpfen. Ihr Flug ist typisch hüpfend.

SUCHT AN *verunkrauteten Stellen mit großen Blüten wie Disteln nach Nahrung, auch in Erlen und Lärchen.*

STIMME *Ruf munter, zwitschernd* ti-ke-lit; *Gesang aus Rufen und flüssigen Trillern.*
BRUTBIOLOGIE *Nest aus Wurzeln, Gras, Spinnweben; 5–6 Eier, 2 Bruten; Mai–Jul.*
NAHRUNG *Halbreife Samen aus Disteln und ähnlichen Pflanzen, seltener vom Boden; Samen von Erle und Lärche.*
ÄHNLICHE ARTEN *Erlenzeisig, Grünfink.*

TIPP

Aus der Entfernung ist das rote Gesicht schwer zu sehen. Die gelben Flügelfelder und der hüpfende Flug sind jedoch unverkennbar.

Birkenzeisig

Acanthis flammea

Der Birkenzeisig wurde in die drei Arten *A. cabaret*, *A. flammea* und *A. hornemanni* unterteilt. Der agile Fink sucht meist in koordinierten Schwärmen Nahrung, oft zusammen mit Erlenzeisigen. Während der Nahrungssuche still, verrät er sich durch seinen Stakkato-Ruf im Flug, wenn der Schwarm zum nächsten Baum wechselt.

ERNÄHRT SICH *von Birken- und Lärchensamen, in Wäldern und buschigen Heiden, auch in großen Gärten.*

BIRKENZEISIG
A. flammea

STIMME *Ruf hart* tschett-tschett, *auch in Reihen; im Gesang im Flug ein trocken ratterndes* serrrrrrr.
BRUTBIOLOGIE *Napf aus Zweigen und Gräsern in Busch; 4–6 Eier, 1–2 Bruten; Mai–Jul.*
NAHRUNG *V. a. Birkensamen, zusätzlich von Erlen und Lärchen, auch vom Boden.*
ÄHNLICHE ARTEN *Berghänfling, Bluthänfling.*

FLIEGT IN *dichten, hüpfenden Schwärmen, die in Heidegebieten, in Grün- und Agrarland und Wiesen im Hochland Nahrung suchen. Brütet in Dickichten und Hecken.*

Bluthänfling

93

Linaria cannabina

Der lebhafte Bluthänfling ist meist in koordinierten Schwärmen zu beobachten, die den größten Teil des Jahres zusammen umherziehen. Im Winter suchen sie meist am Boden nach Nahrung. Sie sind dann leicht aufzuschrecken und fallen bei der geringsten Störung in schützende Dickichte ein. Während der Brutsaison sind sie weniger scheu und man kann beobachten, wie kleine Trupps in Büschen Insekten für die Nestlinge sammeln.

TIPP

Obwohl sie scheu sind, sitzen Bluthänflinge während der Brutsaison, wenn das Gefieder des Männchens am buntesten ist, sichtbar auf Büschen.

STIMME *Ruf beim Flug leicht, zwitschernd* tick-itt *oder* tett-tett-tett; *Gesang enthält solche Rufe und melodisch pfeifende Laute; oft singt der Schwarm im Chor.*
BRUTBIOLOGIE *Kleiner Napf aus Pflanzenstängeln und Wurzeln, mit Haaren ausgelegt, in Busch in Bodennähe; 4–6 Eier, 2–3 Bruten; Apr.–Jul.*
NAHRUNG *Holt Sämereien vom Boden, v. a. Ackerunkräuter, oft in Gruppen; füttert Nestlinge mit Insekten.*
ÄHNLICHE ARTEN *Berghänfling, Birkenzeisig.*

Berghänfling

Linaria flavirostris

Wie der buntere Bluthänfling sucht auch der Berghänfling am Boden nach Nahrung und zieht in Schwärmen umher, die oft in die Luft aufsteigen, einen Kreis ziehen und als Einheit wieder landen. Sieht man ihn deutlich, erkennt man die hellbraunen Flügelbinden und den rosafarbenen Bürzel des Männchens im Prachtkleid, aber aus der Entfernung ist der Berghänfling unauffällig braun gestreift. Ungewöhnlicherweise füttern Berghänflinge ihre Nestlinge mit kleinen Samen und das Verschwinden von Blumenwiesen hat zu einer Abnahme der Bestände geführt.

TRINKT UND *badet in flachen Pfützen und sucht im Winter in Salzmarschen an der Küste nach Futter. Brütet auf verunkrauteten Feldern, bei hochgelegenen Höfen, im Gebirge und in Mooren.*

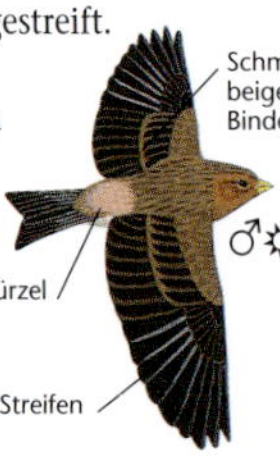

TIPP

Die Flügelbinden sind beigebraun wie beim Birkenzeisig A. cabaret, *die weißen Streifen auf Flügeln und Schwanz wie beim Bluthänfling.*

STIMME *Flugruf etwas härter als bei Bluthänfling; kennzeichnender Hauptruf nasal, ansteigend* tweei*; Gesang schnell trillernd und zwitschernd, mit ratternden Lauten und heiserem Rasseln.*
BRUTBIOLOGIE *Tiefer Napf aus Zweigen, Gras und Moos, mit Haaren gepolstert, in Busch oder Böschung; 4–6 Eier, 1–2 Bruten; Mai–Jun.*
NAHRUNG *Kleine Samen, im Winter v. a. von Pflanzen der Salzmarschen; füttert, anders als die meisten Finken, Nestlinge mit Samen.*
ÄHNLICHE ARTEN *Birkenzeisig, Bluthänfling.*

Buchfink

92

Fringilla coelebs

Der Buchfink ist einer der am wenigsten spezialisierten Finken und zugleich einer der erfolgreichsten. Für Finken ungewöhnlich, brüten Paare in abgegrenzten Revieren, die die Männchen mit Gesang markieren. Während des restlichen Jahres sind sie gesellig und zutraulich.

BRÜTET IN *Nadel- und Laubwäldern, Gehölzen, Hecken, Parks und Gärten.*

STIMME *Weich* tjüpp, *häufig* pink; *Gesang etwa* zit-zit-zit-set-set-set-set-wighlio.
BRUTBIOLOGIE *Napf aus Gras, Blättern und Moos in Baum; 4–5 Eier, 1 Brut; Apr.–Mai.*
NAHRUNG *Im Sommer Insekten, v. a. Käfer; sonst Sämereien, Keimlinge und Beeren.*
ÄHNLICHE ARTEN *Bergfink, Gimpel, Haussperlings-Weibchen.*

Bergfink

Fringilla montifringilla

Der Bergfink ähnelt dem Buchfink, hat aber einen weißen Bürzel und einen dunkleren Rücken. Er ist weniger häufig und im Sommer in Europa selten zu sehen. Im Winter können Bergfinken in riesigen Schwärmen auftreten, die Häufigkeit schwankt jedoch von Jahr zu Jahr mit dem Angebot an Baumsamen.

SUCHT IM *Winter in Agrarland und Parks, v. a. mit Birken, Buchen und Fichten, nach Nahrung. Brütet in nordischen Wäldern.*

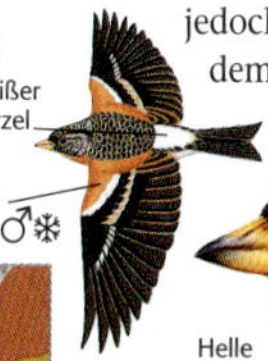

STIMME *Ruf hart* tjäck, *nasal* tä-ähp; *Gesang nasal summend* rrrrrrüh.
BRUTBIOLOGIE *Napf aus Flechten und Halmen; 5–7 Eier, 1 Brut; Mai–Jun.*
NAHRUNG *Insekten im Sommer, sonst Sämereien; Bucheckern vom Boden.*
ÄHNLICHE ARTEN *Buchfink, Haussperlings-Weibchen.*

Gimpel

96

Pyrrhula pyrrhula

FÄLLT IN *Früchte tragende Bäume und andere Futterquellen in Wäldern ein, in Agrarland mit Hecken, in Parks und Gärten.*

Der Gimpel ist unauffällig, wenn er im Dickicht nach Nahrung sucht. Unübersehbar ist er jedoch, wenn er ins Freie kommt. V. a. das Männchen ist mit seinem prächtigen Gefieder ein auffallender Anblick. Gimpel sind eher scheu und verschwinden im Gebüsch, wenn sie gestört werden. In manchen Gegenden nehmen die Bestände bedenklich ab, wahrscheinlich, weil Hecken mehr und mehr verschwinden.

STIMME *Ruf tief, Pfeifen, Gesang langsam mit Rufen oder kratzenden Tönen.*
BRUTBIOLOGIE *Napf aus Zweigen mit Moos und Gras ausgepolstert, in Baum oder Busch; 4–5 Eier, 2 Bruten; Apr.–Jun.*
NAHRUNG *Weiche Knospen, Samen, Beeren, Triebe von Obstbäumen, Insekten, Spinnen.*
ÄHNLICHE ARTEN *Buchfink, Eichelhäher.*

Kernbeißer

Coccothraustes coccothraustes

LEBT IN *Laubwald, Obstgärten, Olivenhainen und großen Gärten.*

Der kräftige Schnabel des Kernbeißers ist daran angepasst, die härtesten Samen, wie Kirschsteine, zu knacken. Er sucht meist hoch in Bäumen nach Nahrung, wo er trotz seiner charakteristischen massigen Gestalt schwer zu erkennen ist. Im Winter sucht er am Boden nach Baumsamen, fliegt aber bei Störung auf.

STIMME *Ruf kurz, scharf, metallisch pix, auch zrri, zih; Gesang leise, stotternd.*
BRUTBIOLOGIE *Nest aus Zweigen, Wurzeln, Moos in Baum; 4–5 Eier, 1 Brut; Apr.–Mai.*
NAHRUNG *Große Baumsamen, Beeren von Bäumen; im Winter Samen vom Boden.*
ÄHNLICHE ARTEN *Buchfink, Fichtenkreuzschnabel, Gimpel.*

Karmingimpel

Carpodacus erythrinus

BRÜTET IN *Laubwäldern und Büschen, oft in Feuchtgebieten nahe Seen und Flüssen.*

Hell und gedrungen, hat der Karmingimpel einen kurzen, rundlichen Schnabel und schwarze Augen. Bei brütenden Männchen sind Kopf, Brust und Bürzel karminrot. In Westeuropa erscheinen hauptsächlich Jungvögel. In den letzten Jahren hat sich die Art jedoch nach Westen ausgebreitet.

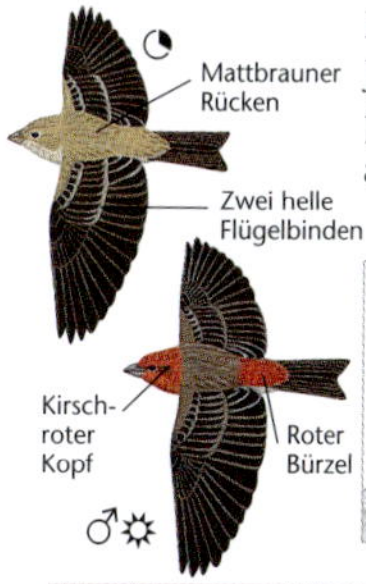

STIMME *Ruf kurzer Pfiff* whüi; *Gesang rhythmische Pfeifstrophen, etwa* wi-jü-wi-djü.
BRUTBIOLOGIE *Kleines Nest aus Gras in niedrigem Busch; 4–5 Eier, 1–2 Bruten; Mai–Jun.*
NAHRUNG *Sämereien, Knospen, Triebe und einige Insekten, in Büschen oder vom Boden.*
ÄHNLICHE ARTEN *Gimpel, Fichtenkreuzschnabel, Buchfink, Haussperling (Jungvögel).*

Hakengimpel

Pinicola enucleator

BRÜTET IN *besonders dichten Nadel- und Mischwäldern mit starkem Unterholz.*

Dieser große Fink hat den nicht gekreuzten Schnabel und die Gestalt eines Kernbeißers, die Gefiederzeichnung ähnelt jedoch der des Fichtenkreuzschnabels. Die Männchen sind kräftig rot und grau, die Weibchen bronzegrün, gelb und grau. Während der Brutzeit ist dieser Waldvogel scheu, wenn er im Winter in Gärten Beeren frisst, wird er zutraulich.

STIMME *Pfeifende oder flötende Rufe; im Schwarm rauere, leisere Töne; Gesang laut.*
BRUTBIOLOGIE *Unordentlicher Napf, mit Gras und Moos, nahe einem Stamm; 3–4 gefleckte grünlich blaue Eier, 1 Brut; später Mai-Juli.*
NAHRUNG *Knospen, Triebe, Samen, Beeren.*
ÄHNLICHE ARTEN *Kernbeißer, Kiefernkreuzschnabel, Fichtenkreuzschnabel.*

Fichtenkreuzschnabel 97

Loxia curvirostra

Dieser kräftige Fink ist auf Samen von Nadelbäumen spezialisiert. Er benutzt seinen hakenförmigen, gekreuzten Schnabel, um die Schuppen der Zapfen zu spreizen, damit er die Samen mit der Zunge herausholen kann. Laut turnt er in den Baumkronen und muss wegen der trockenen Nahrung häufig trinken.

LEBT IN *Wäldern mit Fichten, Lärchen und Kiefern, braucht Zugang zu Wasser.*

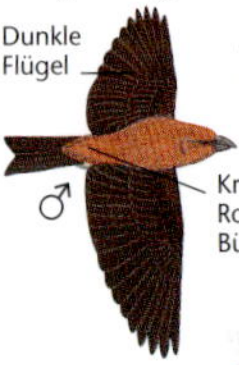

STIMME *Laute, abrupte Rufe, glipp, während Nahrungssuche oft zu hören; Gesang etwas zögernd, mit Trillern und Zwitschern.*
BRUTBIOLOGIE *Nest aus Zweigen und Moos in Nadelbaum; 3–4 Eier, 1 Brut; Jan.–März.*
NAHRUNG *Samen von Nadelbäumen wie Fichte und Kiefer; Beeren, Knospen, Insekten.*
ÄHNLICHE ARTEN *Kernbeißer.*

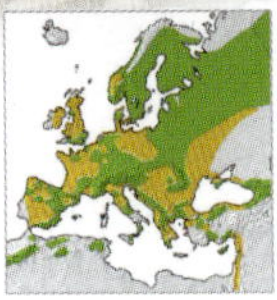

Kiefernkreuzschnabel

Loxia pytyopsittacus

Der Kiefernkreuzschnabel ist eine untersetztere Ausgabe des ähnlichen Fichtenkreuzschnabels, sein Nacken ist kräftiger. Er kommt nur in Nord- und Osteuropa vor, von wo er gelegentlich in den Süden seines Brutgebiets auswandert. Der Schnabel ist fast so hoch wie lang. Der Unterschnabel ist etwa so hoch wie der Oberschnabel und stark gebogen.

NISTET IN *Nadelwäldern, v. a. mit Waldkiefern, seltener Gemeinen Fichten, gelegentlich Lärchen.*

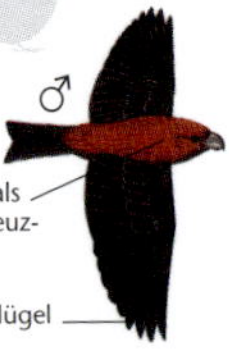

STIMME *Laute, abrupte küpp-Rufe.*
BRUTBIOLOGIE *Napf aus Blättern, Moos u. Ä., mit Gras gepolstert, hoch in einem Nadelbaum an Waldrand oder Lichtung; 3–4 Eier, 1 Brut; Feb.–März oder sogar bis August.*
NAHRUNG *Koniferensamen; Brutzeit: Insekten.*
ÄHNLICHE ARTEN *Fichtenkreuzschnabel, Kernbeißer.*

Zwergammer

Emberiza pusilla

BRÜTET IM *äußersten Norden Europas in offenen Stellen der Wälder. Durchzügler an Küsten, auf Inseln.*

Die unauffällige Zwergammer, leicht mit einer kleinen Rohrammer zu verwechseln, ist in Westeuropa eine Seltenheit. Sie brütet in der Taiga von Finnland bis Ostsibirien in Mischwäldern aus Nadelbäumen und Birken und überwintert in Südasien. Selten erscheinen im Herbst Durchzügler an den Küsten Nordwesteuropas.

STIMME *Ruf kurz, scharf* zick*; Gesang hoch mit kratzenden und melodischen Lauten.*
BRUTBIOLOGIE *Nest aus Gras und Moos unter Busch; 4–5 Eier, 1 Brut; Mai–Jun.*
NAHRUNG *Im Sommer meist Insekten; im Herbst Samen vom Boden.*
ÄHNLICHE ARTEN *Rohrammer, Spornammer.*

Spornammer

Calcarius lapponicus

SUCHT IM *Winter in Salzmarschen und niedrigem, feuchtem Grasland Nahrung. Brütet in der Tundra.*

Im Sommer brütet die Spornammer in abgelegenen Gegenden Lapplands, im Herbst und Winter erscheint sie an Küsten weiter im Süden. Sie fällt wenig auf, wenn sie durch das Gras auf Dünen, am Rand von Salzmarschen und auf Golfplätzen huscht, und fliegt erst kurz vor den Füßen auf.

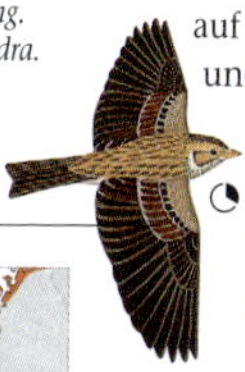

STIMME *Ruf hart* prerrrt*, klar pfeifend* tju*; Gesang wie Feldlerche, aber kürzer.*
BRUTBIOLOGIE *Nest aus Moos und Gras in Grasbüschel; 5–6 Eier, 1 Brut; Mai–Jun.*
NAHRUNG *Pickt Samen vom Boden; im Sommer Insekten.*
ÄHNLICHE ARTEN *Rohrammer, Schneeammer.*

Rohrammer

Emberiza schoeniclus

Im Sommer sind Rohrammer-Männchen leicht zu erkennen, wenn sie monoton von niedrigen Sitzplätzen in Schilf oder anderer Feuchtvegetation singen. Im Winter sind sie wesentlich unauffälliger und im Feld oder Garten schwierig zu bestimmen.

LEBT AN *feuchten Stellen mit Schilf, Seggen und Binsen. Im Winter in Weidendickichten, Heiden und Gärten.*

STIMME *Ruf laut, weich* siü; *Gesang kurze, etwas stotternde Strophe, etwa* sarip srip srip sia-sia-sia sitip-itip-itip.
BRUTBIOLOGIE *Nest aus Gras und Seggen am Boden; 4–5 Eier, 2 Bruten; Apr.–Jun.*
NAHRUNG *Samen, im Sommer auch Insekten.*
ÄHNLICHE ARTEN *Buchfinken-Weibchen, Spornammer-Weibchen, Haussperling.*

Zippammer

Emberiza cia

Diese schlanke Ammer, typisch für steinige Gebiete, ist oft enttäuschend schwierig zu entdecken, wenn sie sich im dichten Gestrüpp versteckt. Im Winter ist sie auffälliger, wenn sie in Trupps Nahrung sucht, obwohl die Männchen dann weniger bunt gefärbt sind.

SUCHT AUF *Grasflächen, in felsigen Gegenden mit buschigen Hängen und an Straßeneinschnitten Nahrung.*

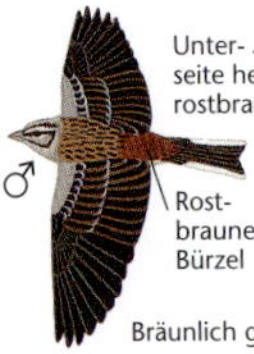

STIMME *Ruf dünn, kurz, monoton* zih; *Gesang hoch, klar, wirbelnde Tonhöhenwechsel.*
BRUTBIOLOGIE *Nest aus Gras, Wurzeln, Rinde am Boden; 4–6 Eier, 2 Bruten; Apr.–Jun.*
NAHRUNG *Im Sommer Insekten, sonst Samen vom Boden.*
ÄHNLICHE ARTEN *Zaunammer, Ortolan.*

LEBT IN *vielfältigen Habitaten, von warmen Hängen bis Bergweiden.*

Ortolan

Emberiza hortulana

Der Ortolan ist eine schlanke, helle Ammer mit einem weißen Augenring und sucht seine Nahrung auf offenen Grasflächen wie Weideland und Dünen. Brütende Männchen haben stellenweise gelbes und grünes Gefieder und singen an warmen Hängen von Bäumen und Büschen.

STIMME *Ruf metallisch* sii-e *oder kurz* tjü; *Gesang ansteigend, etwa* sia sia si sia srü srü.
BRUTBIOLOGIE *Nest aus Gras am Boden; 4–6 Eier, 2–3 Bruten; Apr.–Jul.*
NAHRUNG *Samen vom Boden, oft auf grasigen Lichtungen; Insekten im Sommer.*
ÄHNLICHE ARTEN *Goldammer, Rohrammer-Weibchen.*

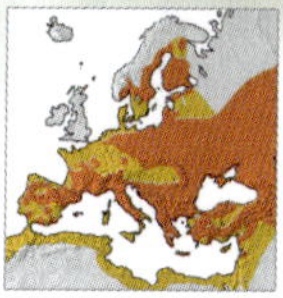

SAMMELT SICH *im Winter, um Samen zu suchen. Brütet in Heiden und Agrarland.*

Goldammer 98

Emberiza citrinella

Der unaufhörliche Gesang der Männchen ist ein typisches Geräusch warmer Sommertage auf Feldern oder in Heiden. Während der Wintermonate bilden Goldammern Trupps, die auf Feldern einfallen.

STIMME *Ruf scharf* zick; *Gesang schnell, hoch, tieferer Abschluss;* ti-ti-ti-ti-ti-siieeh.
BRUTBIOLOGIE *Nest aus Gras und Stroh unter Busch; 3–5 Eier, 2–3 Bruten; Apr.–Jul.*
NAHRUNG *Samen vom Boden, im Sommer Insekten.*
ÄHNLICHE ARTEN *Zaunammer, Rohrammer-Weibchen, Ortolan.*

Zaunammer

Emberiza cirlus

Im größten Teil ihres Verbreitungsgebietes ist die Zaunammer auf offenen, buschigen Hängen und Kulturland mit Bäumen und Hecken häufig. Sie ähnelt der Goldammer, ist jedoch kompakter und weniger gelb. Auch bei dieser Art singen die Männchen von Buschspitzen, aber auch von unauffälligen Sitzplätzen in Bäumen. Zaunammern sind auf altes Grasland mit vielen Heuschrecken angewiesen. Wo durch intensive Landwirtschaft unbewirtschaftetes Grasland verschwunden ist, haben die Bestände stark abgenommen.

LEBT AUF *warmen, buschigen, oft steinigen Hängen, in der Umgebung großer Obstgärten und in Olivenhainen. Im Winter auf Wildkrautflächen, sogar in Gärten.*

TIPP

Brütende Männchen sind am Kopfmuster zu erkennen. Andere Federkleider bereiten Schwierigkeiten; Kopfstreifen und Bürzel helfen.

STIMME *Ruf sehr einfach, kurz, hoch, dünn zitt; Gesang monotone Reihe, schnell wie ein Triller, auf einer Tonhöhe, oder langsamer, leichter sprudelnd, sre-sre-sre-sre-sre-sre.*
BRUTBIOLOGIE *Grobes Nest aus Gras und Halmen, niedrig in Busch oder Hecke; 3–4 Eier, 2 Bruten; Apr.–Jul.*
NAHRUNG *Braucht im Sommer Heuschrecken und ähnliche Insekten; sonst Samen vom Boden.*
ÄHNLICHE ARTEN *Goldammer, Rohrammer-Weibchen.*

Schneeammer

Plectrophenax nivalis

Das kontrastreiche schwarz-weiße Brutkleid des Männchens ist an seine schneereichen nördlichen Brutgebiete angepasst. Im größten Teil Europas sieht man es nur in seinem dezenteren Winterkleid, in dem sich beide Geschlechter ähneln. Schneeammern sind an härteste Klimate angepasst, verbringen den Winter oft an Gebirgshängen und sind in Skigebieten regelmäßig zu beobachten. Anderswo streifen sie an Küsten in Trupps über Muschelbänke oder Marschen, wo sie Heuschrecken finden. Sie laufen ihrer kurzen Beine wegen flach über den Boden und Schwärme auf Nahrungssuche haben einen hüpfenden Flug.

SUCHT IM *Winter in Kiesbänken, Küstenmarschen sowie Gebirgshängen nach Nahrung. Brütet in nördlicher Tundra und Gebirgen.*

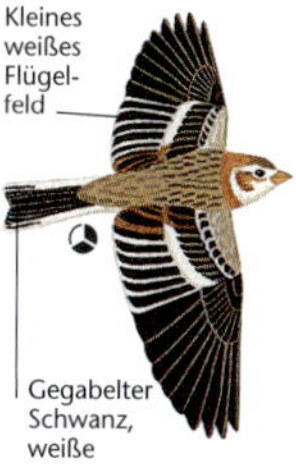

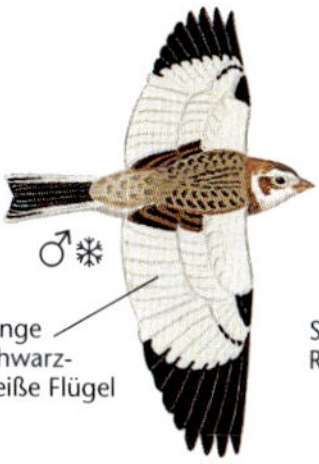

STIMME *Ruf laut, klar, pfeifend* pjü-u *oder rollend* perrit; *Gesang kurzes Gezwitscher mit klingenden Lauten.*
BRUTBIOLOGIE *Nest aus Moos, Flechten und Grashalmen in einer Höhlung zwischen Felsen; 4–6 Eier, 1–2 Bruten; Mai–Jul.*
NAHRUNG *Im Sommer Insekten, im Winter hauptsächlich Sämereien und wirbellose Tiere am Strand.*
ÄHNLICHE ARTEN *Rohrammer, Spornammer.*

Grauammer

99

Emberiza calandra

Die große Ammer kommt v. a. in Agrarlandschaft mit Getreidefeldern und extensiv genutztem Grasland vor. Diesen Lebensraum teilt sie mit der Feldlerche, ihr Gesang ist jedoch anders: Das Männchen lässt von einer exponierten Stelle aus oder in einem Balzflug ein unverwechselbares metallisches Rasseln erklingen. Die Art ernährt sich von Insekten und Samen am Boden. Der verbreitete Einsatz von Herbiziden und Insektiziden hat dazu geführt, dass sie in vielen Gebieten fast ausgestorben ist. Wo sie noch häufig ist, kann man in der Dämmerung Trupps zu gemeinsamen Schlafplätzen fliegen sehen.

SUCHT HECKEN *auf, wenn sie bei der Nahrungssuche auf Wiesen, Feldern, in Grasland und küstennahen Gebüschen gestört wird.*

TIPP

Sie ähnelt der Feldlerche und teilt deren Lebensraum, läuft jedoch nicht, sondern hüpft eher und hat kein Weiß am Schwanz.

STIMME *Ruf kurz, abrupt, metallisch* tsrit; *Gesang mit zögernder Einleitung, die sich beschleunigt und schnell rasselnd endet.*
BRUTBIOLOGIE *Nest aus Gras und Wurzeln, mit feinen Materialien ausgelegt, am Boden; 3–5 Eier, 1–2 Bruten; Apr.–Jun.*
NAHRUNG *Sucht am Boden nach Nahrung, im Sommer Insekten und Samen, im Winter ausschließlich Samen.*
ÄHNLICHE ARTEN *Rohrammer-Weibchen, Goldammer-Weibchen, Feldlerche.*

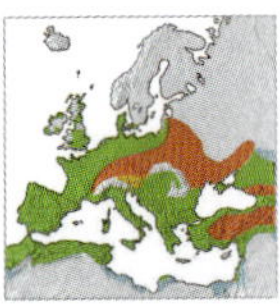

Mauerläufer

Tichodroma muraria

Dank seines grauen und schwarzen Gefieders ist der Vogel oft schwer zu sehen, wenn er im Gebirge zwischen Steinen nach Nahrung sucht. Er kann jedoch recht zutraulich sein und dem Beobachter genaue Blicke auf seine intensiv karminrot gefärbten Flügel erlauben.

SUCHT AUF *Felsen, in Schluchten und Steinbrüchen nach Nahrung, im Sommer meist nahe der Schneegrenze.*

STIMME *Lange steigende und fallende Serien dünner, pfeifender Töne.*
BRUTBIOLOGIE *Unordentliches Nest in Felshöhlung oder tiefer Spalte zwischen Felsen; 4 Eier, 1 Brut; Mai–Jul.*
NAHRUNG *Sucht Felsen und im Winter Gebäude nach Insekten und Spinnen ab.*
ÄHNLICHE ARTEN *Keine.*

Wiesenpieper

53

Anthus pratensis

Der tröpfelnde Gesang des Wiesenpiepers ist ein eindrückliches Geräusch des Sommers im offenen Hügelland. Aus der Entfernung ist oft zu beobachten, wie er in einen Singflug verfällt oder hastig und mit quietschenden Rufen auffliegt.

BRÜTET IN *Grasland, Heiden, Dünen und Mooren, von der Küste bis ins Hochland; im Winter in Kulturland und Marschen.*

STIMME *Ruf scharf, dünn* ist-ist *oder weicher in Schwärmen* tit; *Gesang im Singflug lange Folge wiederholter kurzer* tsi.
BRUTBIOLOGIE *Napf aus Gras am Boden; 4–5 Eier, 2 Bruten; Mai–Jul.*
NAHRUNG *Insekten und einige Samen.*
ÄHNLICHE ARTEN *Baumpieper, Rotkehlpieper, Strandpieper, Feldlerche.*

TIPP

Singflug ähnlich dem des Baumpiepers, beginnt und endet aber am Boden, während dieser von Ansitz zu Ansitz fliegt.

Rotkehlpieper

Anthus cervinus

Dieser Pieper ist in Mittel- und Osteuropa ein Besucher aus dem hohen Norden und hat einen typischen Ruf, der ihn von ähnlichen gestreiften Vögeln unterscheidet. Meist ist er im Frühling an feuchten, grasigen Stellen zu finden, wo er auf seinem Zug zu den Brutplätzen rastet.

ERSCHEINT IM *Frühjahr auf offenen Flächen, sumpfigem Gelände, Dünen und Inseln. Brütet in der Tundra.*

STIMME *Ruf hoch, explosiv, ausdünnend* psiie, *hart* tschüp; *Gesang rhythmische Triller und scharfe Laute.*
BRUTBIOLOGIE *Grasnapf in Vegetation auf dem Boden; 4–5 Eier, 1 Brut; Mai–Jun.*
NAHRUNG *Insekten und andere kleine Wirbellose vom Boden, einige Samen.*
ÄHNLICHE ARTEN *Wiesenpieper, Baumpieper.*

Baumpieper

54

Anthus trivialis

Der Baumpieper ähnelt dem Wiesenpieper, wirkt aber weniger nervös und besiedelt eher Waldränder als offene Grasflächen. Er hat einen melodischen Gesang, der im Singflug vorgetragen wird und an dem man die Männchen im Sommer erkennt. Bei Durchzüglern ist dies schwieriger, der Ruf ist jedoch hilfreich.

BRÜTET IN *offenen Gehölzen, an Waldrändern, auf buschigen Heiden und in Mooren mit einzelnen Bäumen. Durchzügler an Küsten.*

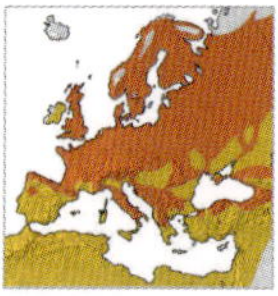

STIMME *Ruf rau* psiet, *scharf* tzit; *Gesang laut mit Trillern, endet langgezogen,* zia zia zia; *von Warte oder Singflug.*
BRUTBIOLOGIE *Grasnest im dichten Gras; 4–6 Eier, 1–2 Bruten; Apr.–Jul.*
NAHRUNG *Sucht auf dem Boden Insekten.*
ÄHNLICHE ARTEN *Wiesenpieper, Strandpieper, Feldlerche.*

Strandpieper

Anthus petrosus

Der Strandpieper ist eine typische Art steiniger Küsten und Inseln und so kann man ihn meist anhand seines Lebensraumes bestimmen. Sein Singflug ähnelt dem des Wiesenpiepers, sein Ruf aber ist laut und einfach.

BRÜTET AN *steinigen Küsten. Auf dem Zug und im Winter sind einige in Salzmarschen und an Stränden zu sehen.*

STIMME *Ruf piist; Gesang ähnlich Wiesenpieper, kräftiger; ähnlicher Singflug.*
BRUTBIOLOGIE *Nest mit Haaren ausgekleidet in Spalte; 4–5 Eier, 1–2 Bruten; Apr.–Jul.*
NAHRUNG *Insekten, Sandflöhe, Mollusken, im Sommer v. a. zwischen Klippen, im Winter an steinigen, tangigen Stränden.*
ÄHNLICHE ARTEN *Bergpieper, Wiesenpieper.*

TIPP
Vom Wiesenpieper durch das dunklere, matter graue Gefieder, die dunklen Beine und den längeren Schnabel zu unterscheiden.

Bergpieper

Anthus spinoletta

Im Winter kommen Bergpieper aus ihren Brutgebieten im Gebirge zu schlammigen Flächen und Feuchtgebieten. Sie sehen aus wie skandinavische Strandpieper auf dem Durchzug, sind aber heller mit deutlicheren Flügelbinden.

ÜBERWINTERT IN *Marschen und Lagunen mit schlammigen Ufern. Brütet auf Bergweiden mit Geröll.*

STIMME *Ruf kräftig, hoch fist; Gesang: Serie kräftiger Triller in hohem Singflug.*
BRUTBIOLOGIE *Napf mit Gras ausgelegt am Boden im Gras; 4–5 Eier, 2 Bruten; Mai–Jul.*
NAHRUNG *Pickt kleine Insekten, Spinnen und andere wirbellose Tiere vom Boden.*
ÄHNLICHE ARTEN *Strandpieper, Feldlerche, Steinschmätzer.*

TIPP
Der Bergpieper sieht dem Strandpieper sehr ähnlich, hält sich jedoch in einem anderen Lebensraum auf.

Brachpieper

Anthus campestris

Der Brachpieper ist ein großer Pieper mit langen Beinen und Schwanz, der an eine Stelze erinnert. In Europa ist er im Süden weit verbreitet. Er brütet v. a. in trockenen, sandigen oder steinigen Gebieten wie auf warmen mediterranen Hängen oder in Sanddünen am Meer. Der Gesang des Männchens im Frühjahr ist charakteristisch, allerdings steigt es hoch in den Himmel auf und ist oft kaum mehr zu erkennen.

BRÜTET AN *buschigen, steinigen Hängen, auf trockenem Agrarland mit steinigem Boden, Grasland und in Dünen. Durchzügler selten an Küsten im Norden.*

TIPP

Aus der Entfernung sieht er fast rein beigebräunlich aus, mit einer Reihe dunkler Flecken auf den Flügeldecken und dunklen Federzentren auf Hand- und Armschwingen.

TIPP

Der Brachpieper schießt bei der Nahrungssuche umher und bewegt dabei seinen Schwanz wie eine Stelze auf und ab.

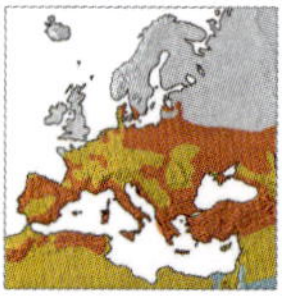

STIMME *Spatzenähnliches Schilpen, kurzes* tjüp; *Gesang in einem hohen Wellenflug mit lauten, klingenden Wiederholungen* tsirlii tsirltt.
BRUTBIOLOGIE *Mit Gras ausgekleidete Bodenmulde in niedriger Vegetation; 4–5 Eier, 1–2 Bruten; Apr.–Jun.*
NAHRUNG *Fängt hauptsächlich unterschiedliche Insekten, die er auf dem Boden sucht.*
ÄHNLICHE ARTEN *Bergpieper, Schafstelze (Jungvogel).*

Schafstelze

56

Motacilla flava

FÄNGT VON *Weidetieren aufgescheuchte Insekten auf feuchten Weiden, oft in Gewässernähe.*

Das Männchen ist im Sommer elegant und farbenprächtig, im Herbst kann man jedoch v. a. die Jungvögel mit anderen Arten verwechseln. Anders als andere Stelzen ist diese Art im Winter nie in Europa, sie zieht nach Afrika in die Savanne.

STIMME *Ruf* tslie *oder* psiee*; Gesang wiederholte zirpende Laute.*
BRUTBIOLOGIE *Grasnapf in Vegetation am Boden; 5–6 Eier, 2 Bruten; Mai–Jul.*
NAHRUNG *Insekten vom Boden; kurze Flugsprünge und Flüge nach Insekten.*
ÄHNLICHE ARTEN *Gebirgsstelze, Jungvögel ähneln jungen Bachstelzen oder Brachpiepern.*

Gebirgsstelze

57

Motacilla cinerea

BRÜTET ENTLANG *sauberer, baumgesäumter Flüsse oder offener Bergströme. Im Winter in Gewässernähe, auch in Städten.*

Die Gelbfärbung der Gebirgsstelze kann zu Verwechslungen mit der Schafstelze führen, aber ihr Rücken ist grau statt grün und das Männchen hat im Sommer einen typischen Kehllatz. Im Winter, wenn die Schafstelze in Afrika ist, taucht sie an kleinen Gewässern auf.

STIMME *Explosives* tschik *oder* zi zi*; Gesang durchdringend, scharfe Töne, Triller.*
BRUTBIOLOGIE *Grasnapf in Loch oder Uferhöhlung; 4–6 Eier, 2 Bruten; Apr.-Aug.*
NAHRUNG *Fängt Fliegen oder andere kleine Insekten am Boden oder in der Luft.*
ÄHNLICHE ARTEN *Schafstelze, Bachstelze.*

SCHLAFPLÄTZE *auch auf Bäumen in Städten. Die Vögel suchen auf Parkplätzen, an Straßenrändern und auf Dächern nach Nahrung.*

Bachstelze

55

Motacilla alba

Die in Europa weit verbreitete Bachstelze tritt in zwei Formen auf. Die dunklere Unterart Großbritanniens und Irlands, die Trauerbachstelze, hat einen schwarzen Rücken, dunkle Flanken und schwärzliche Flügel, die helle Unterart des europäischen Festlandes einen hellgrauen Rücken und Bürzel und helle Flanken. Beide kommen in einer Vielfalt von Lebensräumen vor, von Agrarland bis in städtische Gebiete.

TIPP

Außerhalb der Brutzeit suchen Bachstelzen gemeinsame Schlafplätze auf, oft zu Hunderten. Diese können sich in der freien Natur in Bäumen oder Schilfbeständen befinden, manchmal aber auch auf Gebäuden oder in großen Treibhäusern, wo die Vögel in langen Reihen auf den Stahlträgern unter dem Dach sitzen.

STIMME *Ruf laut, melodisch* tschrip *oder* tsiewit, *bei Erregung härteres* tissik *oder* tschiswiet; *Gesang nicht sehr lautes Zwitschern mit Pausen.*
BRUTBIOLOGIE *Grasnapf in Uferhöhlung, Mauer, Holzstoß, außen an Gebäuden, unter Brücke; 5–6 Eier, 2–3 Bruten; Apr.–Aug.*
NAHRUNG *Sucht lebhaft auf dem Boden, auf Dächern, Schlammflächen oder Felsen, laufend, rennend oder in Sprüngen oder Verfolgungsflügen; Fliegen, Mollusken und einige Samen.*
ÄHNLICHE ARTEN *Gebirgsstelze, junge Schafstelze.*

Kurzzehenlerche

Calandrella brachydactyla

Die kleine Lerche, in Südeuropa eine Art trockenen Kultur- und Graslands, hat eine helle und wenig gezeichnete Unterseite. Am Boden verleihen ihr die langen Flügel zusammen mit dem Schwanz ein langgezogenes Aussehen, sie ist jedoch gut getarnt.

BRÜTET AN *offenen, trockenen Plätzen, von Agrarland und Grasland bis in die Halbwüste. Durchzügler oft in Küstennähe.*

STIMME *Ruf schilpend, spatzenähnlich* tschrrit *oder* trilp*; Gesang unmelodisch, schnelle Triller mit schilpenden Rufen.*
BRUTBIOLOGIE *Flaches Nest am Boden im Gras; 3–5 Eier, 2 Bruten; Mai–Jul.*
NAHRUNG *Sucht auf dem Boden nach Insekten und Samen.*
ÄHNLICHE ARTEN *Feldlerche, Grauammer.*

Heidelerche 51

Lullula arborea

Die kleine, hübsche Heidelerche ist eine Art des offenen Waldlandes und sandiger Heidegebiete. Sie hat einen typischen Wellenflug und im Frühjahr singen die Männchen von Bäumen oder in einem hohen, kreisenden Singflug.

BRÜTET IN *offenen Wäldern, auf buschigen Heiden und abgeholzten Flächen wie Holzplantagen mit Sandboden und kurzem Gras.*

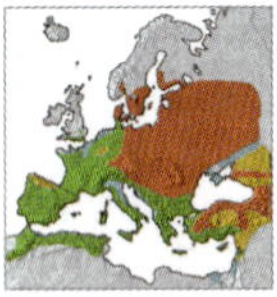

STIMME *Ruf dreisilbig* ti-lüü-i*; Gesang flötende, abfallende Tonreihe,* lü-lü-lü-lü *oder* düu-düu-lüdl-lüdl-lüdl*, in hohem Singflug.*
BRUTBIOLOGIE *Nest mit Haaren und Gras, am Boden; 3–4 Eier, 2 Bruten; Apr.–Jun.*
NAHRUNG *Pickt Insekten und Samen vom Boden, oft an kahlen, sandigen Stellen.*
ÄHNLICHE ARTEN *Feldlerche, Haubenlerche.*

TIPP

Breite runde Flügel und sehr kurzer Schwanz sind im Flug unverwechselbar; anders als Feldlerche ohne weißen Flügelhinterrand.

Theklalerche

Galerida theklae

LEBT AUF *steinigen, grasigen Hügeln und Berghängen, kahl oder buschig, und in trockenem Kulturland mit Bäumen.*

Die Theklalerche, die in offenen Gebieten in steinigem Grasland oder auf Waldlichtungen vorkommt, hat ein tarnfarbenes Gefieder, das dem steinigen Boden stark ähnelt. Sie ist der Haubenlerche ähnlich, hat aber eine stumpfere, gefächertere Haube und einen geraderen Schnabel. In Getreidefeldern ist sie seltener, sie bevorzugt Büsche.

STIMME *Ruf voll, wohlklingend* tü-tjüi tü-tjüi-lüüi; *Gesang weich, variabel, im Flug.*
BRUTBIOLOGIE *Flache Mulde am Boden, im Gras; 3–5 Eier, 2 Bruten; Apr.–Jun.*
NAHRUNG *Pickt Triebe, Sämereien und Insekten vom Boden.*
ÄHNLICHE ARTEN *Haubenlerche, Feldlerche, Heidelerche.*

Haubenlerche

50

Galerida cristata

BRÜTET IN *Kulturland oder halb natürlicher Vegetation mit wenigen Bäumen.*

Die Haubenlerche ist wesentlich weiter verbreitet als die sehr ähnliche Theklalerche und hat eine spitzere Haube. Meist sieht man sie auf Feldern oder an Straßenrändern und wenn sie auffliegt, werden ihre breiten Flügel und der kurze Schwanz sichtbar.

STIMME *Ruf flötend, wohlklingend,* trii-üü-liii; *Gesang ähnlich, flötend, von Ansitz oder in hohem Singflug.*
BRUTBIOLOGIE *Bodenmulde, mit Halmen ausgelegt; 3–6 Eier, 2–3 Bruten; Apr.–Jun.*
NAHRUNG *Sucht am Boden Nahrung, oft an kahlen Stellen; Insekten, Triebe, Sämereien.*
ÄHNLICHE ARTEN *Theklalerche, Feldlerche.*

Ohrenlerche

Eremophila alpestris

SUCHT IM *Winter an Stränden und in nahegelegenen Marschen und Feldern nach Nahrung. Brütet im Gebirge.*

Die Lerche mit dem einzigartigen Kopfmuster brütet in Gebirgen in Skandinavien und Südosteuropa. Im Winter erscheint sie an Stränden und marschigen Stellen um die Ost- und Nordsee, wo sie oft zusammen mit Schneeammern nach Kleintieren sucht.

STIMME *Ruf pieperähnlich, dünn* siip-siip; *lange Wiederholung zwitschernder Laute von Singwarte oder im Flug.*
BRUTBIOLOGIE *Grasmulde, mit Haaren ausgelegt, am Boden; 4 Eier, 1–2 Bruten; Mai–Jul.*
NAHRUNG *Läuft über den Boden, sucht Samen, Insekten, Krebstiere, Mollusken.*
ÄHNLICHE ARTEN *Feldlerche, Felsenpieper.*

Kalanderlerche

Melanocorypha calandra

LEBT IN *Gras- oder Agrarland, auch in salzigen Gebieten am Meer oder im Binnenland.*

Die dickschnäbelige Lerche kommt in offenen Steppen und Getreidefeldern vor und hat einen schwarzen Halsfleck, der sichtbar wird, wenn sie den Kopf hebt. Außerhalb der Brutzeit sammeln sich große Schwärme in salzigen Landsenken.

STIMME *Ruf trocken, rollend, hart* tschrrrip; *Gesang in hohem Singflug ähnlich Feldlerche.*
BRUTBIOLOGIE *Grasnapf am Boden, in Vegetation; 4–7 Eier, 2 Bruten; Apr.–Jun.*
NAHRUNG *Sucht Boden nach Sämereien, Trieben und Insekten ab.*
ÄHNLICHE ARTEN *Feldlerche, Kurzzehenlerche, Grauammer.*

Feldlerche

49

Alauda arvensis

Der silberhelle Gesang der Feldlerche ist über Kultur- und Weideland ein vertrauter Klang, obwohl sie durch intensive Landwirtschaft seltener geworden ist. Hoch in der Luft bleibt sie manchmal einige Minuten still, bevor sie zu trillern beginnt. Auf dem Boden ähnelt sie den anderen Lerchenarten, aber im Flug ist sie charakteristisch, mit vorne gewinkelten, hinten gerade abgeschnittenen Flügeln und weißen Schwanzseiten. Sie steigt heftig flatternd auf und taucht mit fast geschlossenen Flügeln steil wieder ab.

SINGT ÜBER *Feldern, v. a. Getreidefeldern, Mooren, Heiden und Weideflächen. Sucht im Winter in Agrarland nach Nahrung.*

TIPP

Während des Singflugs steigt die Feldlerche mit flatternden Flügeln auf und fliegt dann singend auf der Stelle, bevor sie in Spiralen zum Boden fliegt, zum Schluss steil abtauchend.

STIMME *Rufe rollend* trrli *oder* prrüt, *auch höher* siii; *Gesang von einer Warte oder in hohem kreisendem Flug schnell und volltönend; Aneinanderreihung verschiedener rollender, zirpender und pfeifender Töne.*
BRUTBIOLOGIE *Grasnapf auf dem Boden, in Getreide oder Gras; 3–5 Eier, 2–3 Bruten; Apr.–Jul.*
NAHRUNG *Sucht am Boden im Gras oder auf bloßer Erde nach Nahrung; Sämereien, Triebe, Getreide und Insekten.*
ÄHNLICHE ARTEN *Haubenlerche, Kurzzehenlerche, Heidelerche.*

Seidenschwanz

Bombycilla garrulus

BRÜTET IN *nordischen Nadelwäldern. Schwärme wandern im Winter weiter in den Süden, um Beeren zu suchen.*

Der Seidenschwanz besucht Ost- und Nordeuropa nur im Winter. Er erscheint in Schwärmen, wenn ihn eine schlechte Beerenernte in seinen nördlichen Brutgebieten zwingt, nach Süden auszuweichen. Mit seinem exotischen Aussehen ist er leicht zu erkennen, im Flug ähnelt er jedoch einem Star.

STIMME *Silberhelle hohe, feine Triller wie* triiii *oder* siirrrr.
BRUTBIOLOGIE *Nest aus Zweigen in Birke oder Nadelbaum; 4–6 Eier, 1 Brut; Mai–Jun.*
NAHRUNG *Im Sommer Insekten; im Winter einige Insekten, oft im Flug gefangen; v. a. Beeren wie Weißdorn, Vogelbeeren.*
ÄHNLICHE ARTEN *Star.*

Wasseramsel

Cinclus cinclus

JAGT WASSERTIERE *in sauberen Hochlandströmen. Im Winter kommt sie in tiefere Lagen, manchmal an die Küste.*

Wegen ihrer einzigartigen Jagdtechnik ist die Wasseramsel unverkennbar. Sie sucht unter Wasser Nahrung, oft indem sie in einen schnell fließenden Fluss läuft und dann darin verschwindet. Außerhalb des Wassers bewegt sie sich typisch springend und wippt oft mit dem Schwanz.

STIMME *Ruf scharf* zritt; *Gesang mit rauen, zwitschernden und quietschenden Tönen.*
BRUTBIOLOGIE *Nest aus Moos und Gras in Uferhöhlung; 4–6 Eier, 2 Bruten; Apr.–Jul.*
NAHRUNG *Sucht unter Wasser nach Insektenlarven, kleinen Fischen, Krebstieren, Mollusken; läuft ins Wasser, schwimmt und taucht.*
ÄHNLICHE ARTEN *Ringdrossel.*

Neuntöter

Lanius collurio

Der kleine, schlanke Würger jagt seine Beute, indem er vom Ansitz herabstößt. Die Männchen sind auffallend, mit grauem Kopf, schwarzer Maske und rostbraunem Rücken. Die Weibchen sind brauner. Aufgrund der intensiven Landwirtschaft ist er seltener geworden.

JAGT UND *brütet in Agrarland, Grasland mit vielen Hecken, Sträuchern und Dornbüschen.*

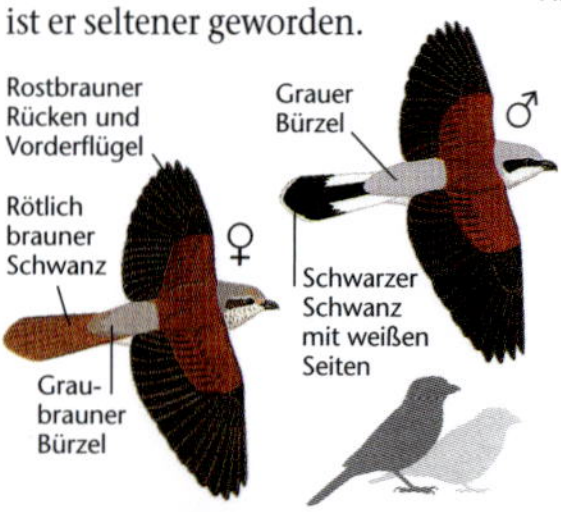

STIMME *Ruf harsch* wäh, *härter* tschäik; *Gesang leise, knirschend; Nachahmungen.*
BRUTBIOLOGIE *Nest aus Gras und Federn in Busch; 5–6 Eier, 1 Brut; Mai–Jun.*
NAHRUNG *Stößt vom Ansitz, um Insekten, kleine Eidechsen und Mäuse zu fangen.*
ÄHNLICHE ARTEN *Beutelmeise, Nachtigall, Bluthänfling.*

Rotkopfwürger

Lanius senator

Der auffallend gemusterte Würger sitzt oft exponiert auf einem Baum, einer Buschspitze oder Stromleitung, wenn er nach Beute Ausschau hält, die er in der Luft oder auf dem Boden fängt. Oft taucht er jedoch ins Dickicht ab, wo er sehr schwer zu entdecken ist.

JAGT IN *buschigen Gebieten, Obstgärten, verwilderten Gärten und anderen Orten mit geeigneten Ansitzen.*

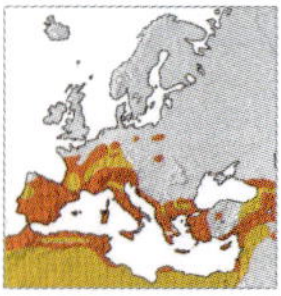

STIMME *Alarmruf kurz, klappernd; Gesang schnell, plaudernde und schnalzende Laute.*
BRUTBIOLOGIE *Nest aus Halmen in niedrigem Busch; 5–6 Eier, 1 Brut; Apr.–Jul.*
NAHRUNG *Fängt große Insekten vom Boden oder in der Luft; kleine Vögel, Mäuse, Eidechsen.*
ÄHNLICHE ARTEN *Elster, Neuntöter.*

BRÜTET UND *jagt an offenen Plätzen mit verstreuten Büschen und Bäumen, Obstgärten, Alleen und Waldrändern in Gegenden mit warmem, trockenem Klima.*

Schwarzstirnwürger

Lanius minor

Wie viele Arten seiner Gattung ist der Schwarzstirnwürger ein auffallender, hübscher Vogel mit einer schwarzen Maske. Unterseits lachsrosa statt mattweiß wie der Raubwürger, ersetzt er seinen größeren, nördlicher vorkommenden Verwandten im Südosten. Wie alle Würger fängt er seine Beute, indem er von einem Ansitz stößt. Oft ist er gut sichtbar, wenn er nach Opfern Ausschau hält, sie in der Luft jagt oder auf den Boden herabstößt. Im Winter zieht er nach Afrika und in Teilen Osteuropas kann man Durchzügler beobachten, die in sonst baumlosen Agrarsteppen der Linie der Straßenbäume folgen.

TIPP

Leicht mit dem Raubwürger zu verwechseln; hat aber einen kräftigeren Schnabel und längere Flügelspitzen, die angelegt bis zur Basis des kürzeren Schwanzes reichen.

TIPP

Der Schwarzstirnwürger verrät seine Anwesenheit oft durch seine »Vorratskammern«: Tote Insekten und andere Tiere spießt er auf Dornen, um sie besser zerlegen zu können.

STIMME *Ruf kurz, hart* tsche tsche; *Gesang mit hart kreischenden Lauten, oft im rüttelnden Singflug vorgetragen.*
BRUTBIOLOGIE *Unordentliches Nest aus Gras und Zweigen, hoch in Baum oder Busch; 5–7 Eier, 1 Brut; Mai–Jun.*
NAHRUNG *Hält von hohem Ansitz wie Ast oder Leitungsdraht Ausschau und stößt auf Eidechsen, große Insekten wie Käfer und Heuschrecken und kleine Vögel herab.*
ÄHNLICHE ARTEN *Raubwürger, junger Rotkopfwürger.*

Raubwürger

Lanius excubitor

SITZT IM *Winter auf hohen Ansitzen in buschigen und sumpfigen Gegenden und Heiden. Brütet in Birkenwäldern, Mooren und trockenen Buschgebieten.*

Der größte europäische Würger, der Raubwürger, ist ein mächtiger, langschnäbeliger Vogel mit einer schwarzen »Banditen-Maske«. Seinen hakenförmigen Schnabel benutzt er, um seine Beute, Insekten, Eidechsen und kleine Vögel, zu zerlegen. Er jagt mit der typischen Würgertechnik, hält von einem hohen Ansitz Ausschau, stößt herab und bringt seine Beute mit den kräftigen Füßen zur Strecke. Dann trägt er sie zurück zum Ansitz und spießt sie oft auf lange Dornen oder Stacheldraht, um sie besser zerlegen zu können. Kleine Vögel fängt er auch im Flug wie ein Sperber, wobei er aus dem Hinterhalt angreift.

TIPP

Vögel der Iberischen Halbinsel und Nordafrikas gelten nun als getrennte Art: Der Iberienraubwürger (L. meridionalis) *ist oberseits dunkler und an der Unterseite graurosa.*

TIPP

Der Raubwürger nutzt wie andere Würger hohe Sitzwarten und ist daher aus der Entfernung als weißer Fleck auf einer Buschspitze zu sehen. Er hält das Gleichgewicht, indem er den Körper vorwärts neigt und mit dem Schwanz pendelt. Manchmal schaukelt er in merkwürdigem Winkel, bevor er mit flatternden Flügeln zu Boden stößt.

STIMME *Ruf hoher Triller* prrrih *oder heiser* wääch wääch; *Gesang kurz und einfach mit trillernden, knirschenden und plaudernden Lauten.*
BRUTBIOLOGIE *Nachlässig gebautes Grasnest in dichtem Busch; 5–7 Eier, 1 Brut; Mai–Jul.*
NAHRUNG *Stößt auf Mäuse, kleine Vögel, Eidechsen und große Insekten, besonders Käfer, herab, nachdem er sie von einem hohen Ansitz wie einer Baumspitze beobachtet hat.*
ÄHNLICHE ARTEN *Schwarzstirnwürger, Neuntöter, Elster.*

Star

90

Sturnus vulgaris

BILDET IM *Winter große Schwärme, in Wäldern, Städten, Industrie- und Hafengebieten. Brütet in Wäldern, Gärten und Städten.*

Der Star ist ein geselliger, aber streitsüchtiger Vogel, der in städtischen und ländlichen Lebensräumen vorkommt. Sein kraftvoller Gang ist typisch, wenn er im Boden nach Insektenlarven und Sämereien stochert. Oberflächlich schwarz, ist sein Gefieder im Sommer schillernd grün und violett überlaufen und im Winter mit hellen Punkten übersät. Außerhalb der Brutzeit bildet er dichte Schwärme, die in der Luft perfekt koordinierte akrobatische Flugmanöver veranstalten. Im Winter können die Schwärme so riesig sein, dass sie aus der Entfernung wie Rauchwolken aussehen. Da die Bestände jedoch abgenommen haben, sind solche Massenansammlungen selten geworden.

TIPP

Stare sind hervorragende Nachahmer. Wenn von einem Platz ein merkwürdiges Geräusch erklingt, steckt oft ein Star dahinter.

STIMME *Rufe kurz schwirrend* tjürr, *scharf* kjätt *und heiser quäkend* stääh; *Gesang aus Pfeiftönen, klickenden, knackenden und krächzenden Lauten mit Nachahmungen von Vogelstimmen und Geräuschen.*
BRUTBIOLOGIE *Lockeres Nest aus Gras und Halmen, in Baum- oder Mauerhöhlen oder Nistkasten; 4–7 Eier, 1–2 Bruten; Apr.–Jul.*
NAHRUNG *Sucht auf dem Boden nach wirbellosen Tieren, Samen und Beeren, in großen oder kleinen Schwärmen; fängt Fliegen in der Luft.*
ÄHNLICHE ARTEN *Einfarbstar, Amsel.*

Einfarbstar

Sturnus unicolor

Trotz seines Namens hat der Einfarbstar im Winter winzige hellgraue Punkte, Weibchen behalten sie manchmal bis ins Frühjahr. Sommervögel sind intensiv dunkel mit einem leicht violetten Schimmer. Das Gegenstück des »gemeinen« Stars auf der Iberischen Halbinsel ist in Dörfern und Städten häufig, wo laute Trupps oft auf den Dächern alter Gebäude sitzen. Einige Vögel brüten in Baumlöchern und Felsenspalten, die meisten jedoch auf Dächern. Im Winter ziehen die Vögel über die Pyrenäen in den Süden.

BRÜTET IN *Städten und Dörfern, oft an alten Gebäuden mit Ziegeldächern. Sucht in Agrarland Nahrung.*

TIPP

Im Winter vergesellschaften sich Einfarbstare oft mit »gemeinen« Staren. Sie haben ein dunkleres, matteres, weniger gepunktetes Gefieder und im Flug bräunlichere Flügel.

STIMME *Rufe kurz und rau, ähnlich Star; Gesang laut, enthält musikalische, langgezogene Laute und papageienähnliche Geräusche.*
BRUTBIOLOGIE *Massiges, unordentliches Nest, meist in Zwischenräumen in Dächern oder Mauerspalten; 4–7 Eier, 1 Brut; Apr.–Jun.*
NAHRUNG *Sucht auf dem Boden nach Insekten, Spinnen, anderen kleinen wirbellosen Tieren und Sämereien, oft zwischen weidendem Vieh oder in der Nähe von Siedlungen.*
ÄHNLICHE ARTEN *Star.*

Steinrötel

Monticola saxatilis

LEBT IM *Sommer auf hochalpinen Weiden und grasigen Hängen mit Felsen und Steinen. Auch an Felswänden und in tiefen Schluchten.*

Der Steinrötel ist eine kleine, farbenfrohe Drossel alpiner Matten und hochgelegener Felder und sitzt oft auf Felsblöcken und anderen exponierten Plätzen. Besonders das Männchen ist auffallend, sein Gefieder wird im Hochsommer jedoch matter.

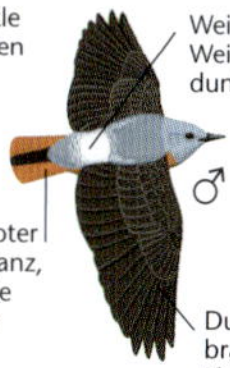

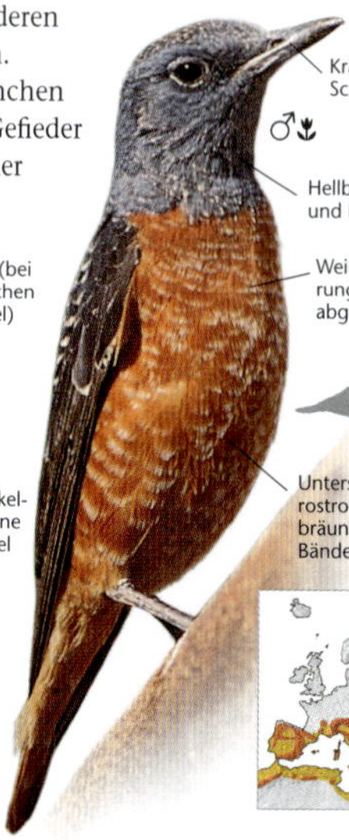

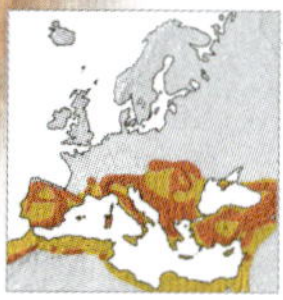

STIMME *Ruf hell* jih, *auch hart* tschak; *Gesang melodische Flötentöne, oft im Singflug.*
BRUTBIOLOGIE *Grasnest in Fels- oder Mauerloch; 4–5 Eier, 1 Brut; Mai–Jun.*
NAHRUNG *Insekten, Eidechsen, Würmer; auch Beeren und Samen.*
ÄHNLICHE ARTEN *Steinschmätzer, Gartenrotschwanz.*

Blaumerle

Monticola solitarius

BRÜTET IN *Schluchten und gebirgigen Gegenden mit Blockhalden. Auch an Gebäuden in Küstennähe.*

Obwohl es aus der Entfernung dunkel wirkt und zwischen Felsen oft schwer zu sehen ist, ist das Männchen aus der Nähe betrachtet intensiv blau. Das braune Weibchen ist dunkler als das Steinrötel-Weibchen, mit längerem Schnabel und Schwanz.

STIMME *Tief* tschak, *höhere hellere Laute; Gesang melancholisch und reichhaltig.*
BRUTBIOLOGIE *Grasnapf in Fels- oder Mauerloch; 4–5 Eier, 1–2 Bruten; Mai–Jul.*
NAHRUNG *Insekten, Spinnen, Würmer, Eidechsen, Beeren und Samen vom Boden.*
ÄHNLICHE ARTEN *Amsel, Einfarbstar, Steinrötel (Weibchen und Jungvögel).*

Rotdrossel

Turdus iliacus

Die kleine, gesellige Drossel mit der auffallenden Kopfzeichnung ist nach ihren charakteristischen rostroten Unterflügeln und Flanken benannt. Sie ist im größten Teil Europas ein Wintergast aus den Wäldern der Taiga und des hohen Nordens. In Schwärmen sucht sie nach Beeren, oft zusammen mit Wacholderdrosseln.

SUCHT IN *Winterschwärmen in Agrarland mit Hecken Nahrung. Brütet in nordischen Nadel- und Birkenwäldern.*

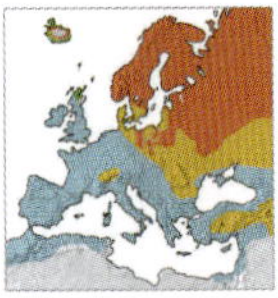

TIPP

In ruhigen, klaren Herbstnächten kann man ziehende Rotdrosseln fliegen hören, die rufen, um in Kontakt zu bleiben.

STIMME *Flugruf dünn, hoch* siiieh, *auch* tschjuk, tschittuk; *Gesang variabel, Wiederholung kurzer Phrasen, flötend oder pfeifend.*
BRUTBIOLOGIE *Napf aus Gras und Zweigen in Busch; 4–6 Eier, 2 Bruten; Apr.–Jul.*
NAHRUNG *Würmer, Insekten und Sämereien vom Boden, im Winter Beeren.*
ÄHNLICHE ARTEN *Singdrossel, Feldlerche.*

Singdrossel

64

Turdus philomelos

Die helle, hübsch gefleckte Singdrossel hat einen wunderbar volltönenden Gesang. Sie ist bekannt dafür, dass sie Schneckenhäuser aufhackt, um an den Inhalt zu gelangen, und zahlreiche Regenwürmer aus dem Boden zieht. In vielen Gegenden, v. a. im Agrarland, ist sie seltener geworden.

BRÜTET IN *Laubwäldern, Agrarland mit Bäumen und Hecken, Parks und Gärten mit Sträuchern.*

STIMME *Kurz, hoch* zipp; *Gesang laut, volltönend, melodische und raue Motive.*
BRUTBIOLOGIE *Grasnapf, innen mit Schlamm verkleidet; 3–5 Eier, 2–3 Bruten; März–Jul.*
NAHRUNG *Regenwürmer, Schnecken, Insekten, Beeren und Früchte v. a. vom Boden.*
ÄHNLICHE ARTEN *Misteldrossel, Rotdrossel, Amsel-Weibchen.*

Ringdrossel

Turdus torquatus

Die Ringdrossel ist eine Art wilder, offener Landschaften und ihr Bestand nimmt ab, wo solche Gebiete von Touristen überschwemmt werden. Oft sieht man sie mit erhobenem Kopf, gestelztem Schwanz und hängenden Flügeln. Sie ist scheu und fliegt bei Störung schnell außer Sichtweite.

BRÜTET MEIST *in höheren Lagen, in offenen Mooren, Gräben und ehemaligen Torfmooren. Durchzügler an Küsten.*

STIMME *Hart, rhythmisch* tak-tak-tak*; Gesang laut, kurze, flötende Töne.*
BRUTBIOLOGIE *Napf aus Zweigen und Gras in Loch; 5–6 Eier, 2 Bruten; Apr.–Jun.*
NAHRUNG *Insekten, Würmer, Sämereien und Früchte; auf dem Zug viele Beeren.*
ÄHNLICHE ARTEN *Amsel, Wasseramsel, Blaumerle.*

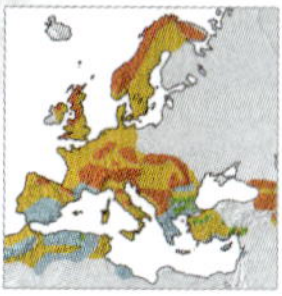

Amsel

66

Turdus merula

Die hübsche Drossel mit der charakteristischen Angewohnheit, den Schwanz vor der Landung anzuheben, ist ein bekannter Gartenvogel. Das schwarze Männchen ist leicht zu erkennen, das braunere Weibchen jedoch kann mit anderen Drosseln verwechselt werden.

LEBT IN *Wäldern mit verrottendem Laub, in Parks, Gärten und Agrarland mit großen Hecken.*

STIMME *Tief, weich* duk*, häufig* tak-tak-tak*, schneller Alarmruf, hoch* srriii*; Gesang volltönend, flötend, viele Variationen.*
BRUTBIOLOGIE *Napf aus Gras und Erde in Busch, Baum; 3–5 Eier, 2–4 Bruten; März–Aug.*
NAHRUNG *Würmer, Insekten und Spinnen am Boden; Früchte und Beeren in Büschen.*
ÄHNLICHE ARTEN *Ringdrossel, Singdrossel.*

Wacholderdrossel

Turdus pilaris

Die hübsche, große Drossel ist an ihrem blaugrauen Kopf und den weißen Unterflügeln zu erkennen. Sie ist, wie die kleinere Rotdrossel, im größten Teil Europas ein Wintergast und beide Arten suchen in Schwärmen oft gemeinsam in Büschen und Bäumen nach Beeren.

SUCHT IM *Winter in Agrarland, buschigen Heiden, Wäldern und Obstgärten nach Beeren.*

STIMME *Laut* tschak-tschak-tschak, *nasal* wiehp; *Gesang unauffälliges Schwätzen mit gepressten, quietschenden Tönen.*
BRUTBIOLOGIE *Napf aus Zweigen, Gras in Busch, Baum; 5–6 Eier, 1–2 Bruten; Mai–Jun.*
NAHRUNG *Meist Würmer und Insekten am Boden; Früchte von Bäumen und Büschen.*
ÄHNLICHE ARTEN *Misteldrossel, Amsel.*

Misteldrossel

65

Turdus viscivorus

Die kräftige und aggressive Misteldrossel ist eine der größten europäischen Drosseln. Sie hat im Vergleich zur Singdrossel einen langen Hals und fliegt bei Störungen höher auf. Männchen singen bei jedem Wetter von Baumspitzen und im Winter verteidigen einzelne Vögel mit Beeren behangene Bäume gegen andere Arten.

BRÜTET IN *Agrarland mit hohen Bäumen, auf Waldlichtungen, in Parks und Obstgärten.*

STIMME *Laut, schnarrend* trrret *oder* zer-r-r-r; *Gesang wiederholte flötende Strophen.*
BRUTBIOLOGIE *Napf aus Zweigen und Gras hoch in Baum; 3–5 Eier, 2 Bruten; März–Jun.*
NAHRUNG *Sucht am Boden Sämereien und wirbellose Tiere; Beeren und Früchte.*
ÄHNLICHE ARTEN *Singdrossel, Wacholderdrossel, Amsel-Weibchen.*

BRÜTET AN *Orten mit hohen Laubbäumen, Pappelbeständen, Auwäldern und bewaldeten Parks.*

Pirol

83

Oriolus oriolus

Der Pirol bleibt oft im dichten Blätterdach verborgen und leuchtet nur kurz auf. Er hält sich in Laubbaumbeständen mit Eichen, Kastanien und v. a. Pappeln auf, wo er in hohen Kronen nach Nahrung suchen kann, ohne auf den Boden zu kommen.

STIMME *Ruf heiser,* wjääik, *auch schnell* gigi; *Gesang laut, anhaltend,* widlio *oder* dlühio.
BRUTBIOLOGIE *Flaches Nest aus Gras und Rindenstreifen, um Astgabel geschlungen, hoch im Baum; 3–4 Eier, 1 Brut; Mai–Jun.*
NAHRUNG *Käfer und andere Wirbellose in Baumkronen; im Spätsommer/Herbst Beeren.*
ÄHNLICHE ARTEN *Misteldrossel, Grünspecht.*

AUSSCHLIESSLICH IN *nördlichen, sehr dichten Nadelwäldern; gefährdet.*

Unglückshäher

Perisoreus infaustus

Der Unglückshäher ist der kleinste europäische Rabenvogel. Er ist deutlich kleiner als der Eichelhäher und hat einen langen Schwanz. Obwohl er vorwiegend braungrau ist, leuchten die rostorangefarbenen Flecken auf Flügeln und Schwanz im wellenförmigen Flug. Bei der akrobatischen Futtersuche hängt er auch kopfüber von Zweigen. Wenn Nahrung knapp ist, wird er zutraulich.

STIMME *Meist schweigsam, hat viele verschiedene Rufe; Nachahmen anderer Vögel.*
BRUTBIOLOGIE *Napf aus Flechten, auf Plattform aus Zweigen; 3–4 hellblaue Eier mit brauner und grauer Zeichnung, 1 Brut; Apr.-Juni.*
NAHRUNG *Vielfältig tierisch und pflanzlich; legt im Herbst und Winter Vorratslager an.*
ÄHNLICHE ARTEN *Aussehen unverkennbar.*

Tannenhäher

Nucifraga caryocatactes

Dieser hell gefleckte, dohlengroße Rabenvogel kommt in Nadelwäldern im Gebirge vor, wo er oft auffällig auf Baumspitzen sitzt. Bei guter Sicht unverkennbar, taucht er manchmal an Plätzen weit außerhalb seines üblichen Verbreitungsgebietes auf, wenn ihn Nahrungsknappheit zum Auswandern zwingt.

BRÜTET IN *östlichen Wäldern mit Fichten und Kiefern. Wandert bei Nahrungsknappheit südlich und westlich.*

STIMME *Langgezogen, hart und rollend* krrräh *im Frühjahr und Sommer, sonst still.*
BRUTBIOLOGIE *Nest aus Zweigen und Moos, meist in Kiefer; 3–4 Eier, 1 Brut; Mai–Jul.*
NAHRUNG *Vorwiegend Samen von Kiefer, Arve, Fichte und Hasel, die er vergräbt und im Winter frisst; einige große Insekten.*
ÄHNLICHE ARTEN *Star.*

TIPP

Obwohl er viel größer ist, kann der Tannenhäher einem Star ähneln. Achten Sie auf den weißen Unterschwanz und Endsaum.

Eichelhäher 85

Garrulus glandarius

Laut, aber scheu, bleibt der Eichelhäher oft im Dickicht verborgen und tritt den Rückzug an, wenn er gestört wird. Manchmal lässt er Ameisen über sein Gefieder laufen, wahrscheinlich, weil die Ameisensäure Parasiten bekämpft. Man nennt dieses Verhalten Einemsen.

BRÜTET IN *Wäldern und Parks, v. a. mit Eichen. Besucht Gärten.*

STIMME *Rau, kreischend* krrrschä, *miauend* hijä, *sehr ähnlich Mäusebussard.*
BRUTBIOLOGIE *Großes Nest aus Zweigen, niedrig in Busch; 4–5 Eier, 1 Brut; Apr.–Jun.*
NAHRUNG *Im Sommer v. a. Insekten, einige Samen und Nestlinge; vergräbt im Herbst Eicheln für den Winter.*
ÄHNLICHE ARTEN *Wiedehopf.*

Elster 84

Pica pica

BRÜTET IN *Agrarland mit Hecken, an Waldrändern und in Stadtparks. Sucht in Gärten nach Nahrung.*

Die schwarz-weiße Elster mit ihrem langen Schwanz ist kaum zu übersehen. In der Sonne schillert sie blau, violett und grün. Sie hat den Ruf, Nester von Singvögeln zu plündern. Untersuchungen haben jedoch gezeigt, dass dieses Verhalten kaum langfristige Auswirkungen auf die Bestände hat.

STIMME *Schackerndes* tschäk-tschäk-tschäk; *Gesang leise schwätzend, selten.*
BRUTBIOLOGIE *Großes überdachtes Nest aus Zweigen und Lehm; 5–8 Eier, 1 Brut; Apr.–Jun.*
NAHRUNG *V.a. Insekten, Körner und Abfall in unterschiedlichsten Lebensräumen; im Sommer Eier und Jungvögel.*
ÄHNLICHE ARTEN *Keine.*

Dohle 86

Coloeus monedula

LEBT AN *Felsen, in Steinbrüchen, Wäldern, Agrarland mit alten Bäumen, Städten und Dörfern in alten Häusern mit Kaminen.*

Die kleine Krähe mit der schwarzen Kappe und dem hellgrauen Nacken ist sehr gesellig und fliegt oft in Schwärmen, die laut rufend Kunststücke vollführen. Auch Nahrung sucht sie in Schwärmen, oft zusammen mit Saatkrähen.

STIMME *Hell, scharf* kja, *heiser* kjääär *oder* kjaar, *mehrere variable Laute.*
BRUTBIOLOGIE *Nest aus Zweigen mit Schlamm und Moos in Baum-, Fels- oder Mauerloch oder Kamin; 4–6 Eier, 1 Brut; Apr.–Jul.*
NAHRUNG *Nimmt Würmer, Sämereien und Abfälle vom Boden; Käfer und Beeren.*
ÄHNLICHE ARTEN *Saatkrähe, Alpenkrähe.*

TIPP

Obwohl sie anderen schwarzen Krähen ähnelt, ist die Dohle deutlich kleiner, mit kürzeren Beinen und kürzerem Schnabel.

Alpendohle

Pyrrhocorax graculus

Die Alpendohle ist eine Art des Hochgebirges und sucht auf hochgelegenen Matten nach Nahrung. Sie hat etwas rundere Flügel und auch ihr Schwanz ist gerundeter als der der Alpenkrähe – Merkmale, die im Flug besser zu erkennen sind als der kürzere, gelbe Schnabel. Beiden Arten suchen oft gemeinsam auf tiefer gelegenen Weiden nach Nahrung.

BRÜTET IM *Gebirge, auf alpinen Matten und Felsen in Spalten und Felshöhlen.*

STIMME *Ruf hoch* zirrrr, *auch pfeifend* zii-üp *und rollend* bschrrüt.
BRUTBIOLOGIE *Massiges Nest aus Halmen in Felshöhle; 3–5 Eier, 1 Brut; Mai–Jul.*
NAHRUNG *Sucht im Grasland Insekten, Spinnen und andere Wirbellose, Beeren, Sämereien und Abfälle bei Skiliften.*
ÄHNLICHE ARTEN *Alpenkrähe, Saatkrähe.*

Alpenkrähe

Pyrrhocorax pyrrhocorax

Die Alpenkrähe ist gesellig, laut und eine hervorragende Fliegerin. Sie kommt an abgelegenen steinigen Plätzen mit Grasmatten vor, wo sie mit dem Schnabel im Boden nach Futter stochert. Familientrupps und größere Schwärme umkreisen Felsspitzen und meistern die turbulentesten Windböen.

LEBT AUF *hochalpinen Matten, in Schluchten, Steinbrüchen und an Felsenküsten. Im Winter auch an Stränden.*

STIMME *Explosives* tijach, *erinnert an Dohle, in Klangfarbe aber anders.*
BRUTBIOLOGIE *Nest aus Zweigen und Haaren in Felsspalte; 3–5 Eier, 1 Brut; Mai–Jul.*
NAHRUNG *Pickt Ameisen auf, gräbt Insekten aus, nimmt Flechten von Felsen.*
ÄHNLICHE ARTEN *Alpendohle, Rabenkrähe, Saatkrähe.*

Saatkrähe

87

Corvus frugilegus

BRÜTET IN *Kolonien in Baumkronen, vorwiegend in Agrarland, Parks, Dörfern und Kleinstädten mit verstreuten hohen Bäumen.*

Die Saatkrähe ist eine große, sehr gesellige Krähe, die für ihre lauten, heiseren Rufe bekannt ist. Sie ist etwas kleiner als die ähnliche Rabenkrähe und die Altvögel sind an ihrer nackten Schnabelbasis zu erkennen, die ihnen ein sehr langschnäbeliges Aussehen verleiht. Saatkrähen, auch die schwarzgesichtigen Jungvögel, haben einen spitz zulaufenden Oberkopf und mit ihrem locker abstehenden Beingefieder sehen sie aus, als würden sie ausgebeulte Hosen tragen. Sie durchsuchen meist in Trupps den Boden nach Insektenlarven und sonstigem Fressbaren.

TIPP

Saatkrähen sind viel geselliger als Rabenkrähen. Normalerweise brüten sie in Kolonien, während Rabenkrähen in Paaren brüten, jedoch nicht immer. Manchmal brüten auch Saatkrähenpaare einzeln und Rabenkrähen (und Kolkraben) schließen sich manchmal zu lockeren Gruppen zusammen. Daher lohnt es sich, genau hinzusehen.

STIMME *Heiser und rau* choah *oder* kaar, *v. a. an der Kolonie oft höhere und metallische Laute.*
BRUTBIOLOGIE *Nest aus Zweigen in Bäumen, ausgekleidet mit Gras, Moos und Blättern, Kolonien in Baumkronen; 3–6 Eier, 1 Brut; März–Jun.*
NAHRUNG *Würmer, Käferlarven, Sämereien und Wurzeln vom Boden, besonders von frisch gepflügten Feldern oder Stoppeläckern, meist in Schwärmen; sucht an Straßen nach überfahrenen Tieren.*
ÄHNLICHE ARTEN *Rabenkrähe, Dohle, Kolkrabe.*

Rabenkrähe

88

Corvus corone

Die schwarze Rabenkrähe ist eine Form der Aaskrähe. Sie kann leicht mit anderen Krähen verwechselt werden, v. a. die Jungvögel, aber ihr Oberkopf ist wesentlich flacher und ihr Körpergefieder dichter und ordentlicher und sie trägt keine »Hosen«. Man sieht sie meist allein oder paarweise, im Herbst und Winter sammeln sich die Vögel oft zu Schwärmen.

LEBT IN *unterschiedlichsten offenen Gebieten, von Agrarland über Moore bis zu Innenstädten. Auch an der Küste.*

STIMME *Rau krächzend* krra krra krra, *auch kürzer* konk *und andere Varianten.*
BRUTBIOLOGIE *Großes Nest aus Zweigen in Baum, Busch, auf Felsen, in Gebäuden; 4–6 Eier, 1 Brut; März–Jul.*
NAHRUNG *Wirbellose, auch Eier, Körner, Abfall; sucht oft in Schwärmen nach Nahrung.*
ÄHNLICHE ARTEN *Saatkrähe, Kolkrabe, Dohle.*

Nebelkrähe

Corvus cornix

Die Nebelkrähe wird mittlerweile meist als eigene Art von der nah verwandten, völlig schwarzen Rabenkrähe abgetrennt. Die Nebelkrähe ist größer als eine Dohle, deren Gefieder nur am Hinterkopf und Nacken grau ist. Auch die Rufe sind anders und die Dohle fliegt mit schnelleren Flügelschlägen.

VORKOMMEN IM *offenen Gelände; zur Brutzeit weniger anspruchsvoll als Rabenkrähe.*

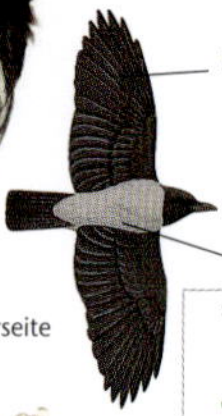

STIMME *Rau krächzend* krra krra, *kürzer* konk, *meist 3–4-mal; viele ähnliche Varianten.*
BRUTBIOLOGIE *Nest aus Zweigen in Baum, Busch oder auf Felsen; 4–6 grau und braun gefleckte blaugrüne Eier, 1 Brut; März-Juli.*
NAHRUNG *Unterschiedlichste tierische Nahrung, inkl. Aas; auch Körner und Abfälle.*
ÄHNLICHE ARTEN *Dohle.*

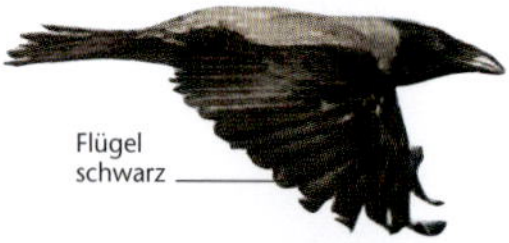

LEBT IN *großen Wäldern, Gebirgsregionen, offenen Mooren und im Hügelland mit Schluchten und einzelnen Bäumen.*

Kolkrabe

89

Corvus corax

Der weltweit größte Rabenvogel, größer als ein Bussard, ist deutlich kräftiger als die Rabenkrähe, die oft im gleichen Lebensraum vorkommt und sich ebenfalls von Aas ernährt. Der Kolkrabe ist langflügeliger, langschwänziger und hat einen wesentlich mächtigeren Schnabel. Oft spreizt er seine Kehlfedern, um seinen Kopf noch größer erscheinen zu lassen, und das bärtige Aussehen ist unverkennbar. Aus der Entfernung ist er an seiner Silhouette und dem kraftvollen Flug zu erkennen, oft, v. a. zu Beginn der Brutsaison, mit akrobatischen Einlagen. Der erste Hinweis auf die Anwesenheit eines Kolkraben ist jedoch meist sein tiefer, rollender Ruf, dessen Echo von den umliegenden Felsen zurückschallt.

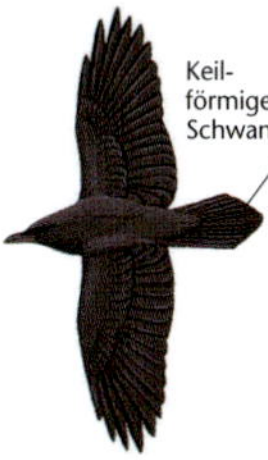

STIMME *Tief und rollend* korrk, *auch wiederholt, bei Erregung schell und tief* krak krak krak; *glucksende Laute, wie etwa* gklong.
BRUTBIOLOGIE *Großer Bau aus kräftigen Zweigen, mit Wolle, Gras und Haaren ausgelegt, oft viele Jahre in Benutzung, in Spalte oder großem Baum; 4–6 Eier, 1 Brut; Feb.–Mai.*
NAHRUNG *Fängt kleine Säugetiere und Vögel, geht an Aas von toten Schafen oder überfahrenen Tieren; sammelt Abfälle, Insekten und Körner.*
ÄHNLICHE ARTEN *Rabenkrähe, Saatkrähe.*

TIPP

Kolkraben sieht man am häufigsten in abgelegenen, schroffen Gegenden und auf hohen Gipfeln, wo sie oft von einem exponierten Platz aus rufen. Aber sie kommen auch in weniger rauen Landschaften wie Agrarland vor und fliegen manchmal sogar über Städte.

Hühnervögel & weitere Gruppen

Hühnervögel sind eine Gruppe von am Boden lebenden Vögeln mit kurzen, gekrümmten Schnäbeln, kurzen Beinen und kräftigen Füßen, mit denen sie laufen und Nahrung scharren. Hierzu gehören Rebhühner, Fasane und Raufußhühner. Die Größe variiert von der kleinen Wachtel bis zum mächtigen Auerhahn. Bei Störungen fliegen sie plötzlich und mit lauten, schwirrenden Flügelschlägen auf, zwischendurch gleiten sie mit gewölbten Flügeln. Die anderen Gruppen, die in diesem Kapitel dargestellt werden, umfassen unterschiedliche Familien und reichen von prächtig gefärbten Arten wie dem Eisvogel oder Wiedehopf über bekannte wie die Taube und den Specht bis hin zum imposanten Kranich und der riesigen Großtrappe.

EISVOGEL

FASAN

MAUERSEGLER

BUNTSPECHT

JAGT AN *Flüssen und Kanälen und in Marschen. Auch an Küsten, v. a. im Winter.*

Eisvogel

Alcedo atthis

Wenn der Eisvogel über das Wasser fliegt, sieht man meist nur einen glänzend blauen Streifen, und sitzt er an einem schattigen Ansitz, ist er oft schwer zu erkennen. Seine Gestalt ist unverkennbar: gedrungen, fast schwanzlos, mit einem riesigen, spitzen Schnabel.

STIMME *Laut, scharf und hoch zi-it oder zi-ti.*
BRUTBIOLOGIE *Tiefe Röhre in Erdwand über Wasser, Nestkammer mit Fischgräten ausgelegt; 5–7 Eier, 2 Bruten; Mai–Jul.*
NAHRUNG *Fische, Frösche, Wasserinsekten; taucht von Ansitz oder Rüttelflug aus.*
ÄHNLICHE ARTEN *Keine.*

Fahlsegler

Apus pallidus

Der Fahlsegler, der dem Mauersegler sehr ähnelt, ist nach seinem blasseren, brauneren Gefieder benannt. Meist sieht man ihn jedoch schnell fliegend gegen den Himmel und seine breiteren Flügel und der kürzere Schwanz sind bessere Merkmale. In Südeuropa kommen in vielen Städten beide Arten vor, sodass man sie vergleichen kann. Fotos sind oft irreführend und eingehende Beobachtung zur Bestimmung nötig.

JAGT ÜBER *offenem Land, Städten und Dörfern. Brütet in alten Gebäuden und Dachspalten.*

STIMME *Schrill wie Mauersegler, aber meist tiefer und deutlich abfallend.*
BRUTBIOLOGIE *Höhle in Dachspalte oder Mauernische; 2–3 Eier, 1 Brut; Mai–Jun.*
NAHRUNG *Fängt fliegende Insekten und driftende Spinnen in der Luft.*
ÄHNLICHE ARTEN *Mauersegler, Alpensegler, Uferschwalbe.*

Mauersegler 45

Apus apus

Der einzige Segler, der in fast ganz Europa vorkommt, ist an seinen schrillen Rufen und den sichelförmigen Flügeln meist sofort zu erkennen. Er verbringt beinahe sein gesamtes Leben in der Luft und landet nur am Nest. Bei schlechtem Wetter fliegt er sehr tief.

BRÜTET IN *Löchern in alten Gebäuden, nur noch selten in Felswänden. Jagt über offenes Land, Dörfer und Städte.*

STIMME *Laute, schrille Rufe, meist von Trupps,* sriiii, sirrr.
BRUTBIOLOGIE *Höhlung in Gebäude, mit Federn ausgekleidet; 2–3 Eier, 1 Brut; Mai–Jun.*
NAHRUNG *Nur in der Luft, fängt fliegende Insekten und driftende Spinnen.*
ÄHNLICHE ARTEN *Fahlsegler, Alpensegler, Rauchschwalbe.*

Alpensegler

Tachymarptis melba

Dieser große, weißbäuchige Segler kommt in zerklüfteten Gebieten vor, oft zusammen mit anderen Seglern, Felsenschwalben und Alpendohlen. Er brütet meist in Felsenhöhlen. Mit seinem Umriss und den langsamen Flügelschlägen ähnelt er aus der Entfernung einem Falken.

JAGT ÜBER *offenem Land, v. a. aber über Felswänden, Schluchten und Städten in Gebirgsregionen.*

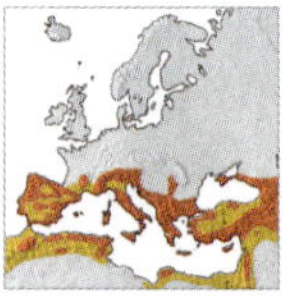

STIMME *Lauter Chor grünfinkenartiger Triller, variabel in Geschwindigkeit und Tonhöhe,* titititititi-ti-ti-ti-ti-ti ti ti.
BRUTBIOLOGIE *Grasnapf in Felsen- oder Gebäudehöhle; 2–3 Eier, 1 Brut; Apr.–Jun.*
NAHRUNG *Fängt Insekten in der Luft.*
ÄHNLICHE ARTEN *Mauersegler, Baumfalke, Felsenschwalbe.*

Klein-specht

Dryobates minor

LEBT IN *Wäldern, Obstgärten und großen Hecken mit alten oder geschädigten Bäumen.*

Der sperlingsgroße Kleinspecht lebt versteckt und ist der kleinste der europäischen Spechte. Er sucht hoch in Bäumen mit schnellen Schnabelhieben Insekten in der Rinde. Sein Trommeln zur Revierverteidigung klingt klappernd.

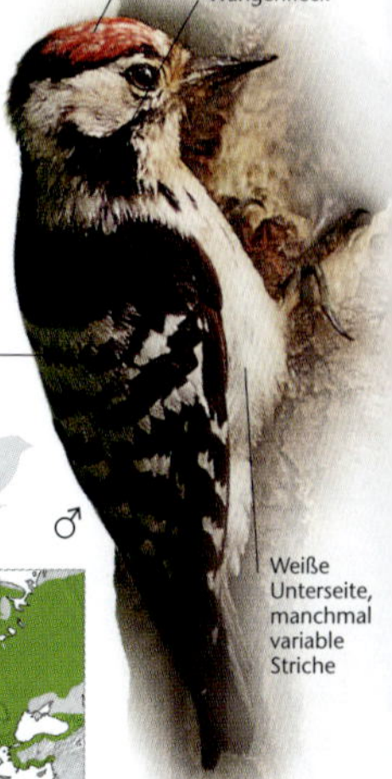

STIMME *Scharf, aber schwach* kjik, nasal gi-gi-gi-gi-gi*; trommelt nur schwach.*
BRUTBIOLOGIE *Klopft Höhle in Baum; 4–6 Eier, 1 Brut; Mai–Jun.*
NAHRUNG *Insekten aus der Rinde und von Pflanzenstängeln am Boden.*
ÄHNLICHE ARTEN *Buntspecht, Mittelspecht, Wendehals, Turmfalke (Ruf).*

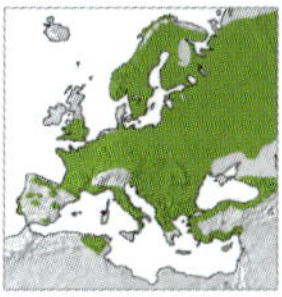

Wendehals

Jynx torquilla

BRÜTET IN *Kulturland mit Bäumen und extensiven Kiefern- oder Mischwäldern. Durchzügler an Küsten und auf Inseln.*

Der Wendehals, der eher wie eine kleine Drossel aussieht, ist ein spezialisierter Specht, der sich v.a. von Ameisen ernährt, die er vom Boden oder aus Rindenspalten holt. Er ist scheu und wegen seines Tarngefieders schwer zu sehen, sein Ruf ist jedoch kennzeichnend. Wenn er gestört wird, dreht er den Kopf herum, daher sein Name.

STIMME *Schnelle nasale Laute wie* gjä-gjä-gjä-gjä*, gedämpfter und tiefer als Turmfalke oder Kleinspecht.*
BRUTBIOLOGIE *Bestehende Höhle in Baum oder Mauer; 7–10 Eier, 1–2 Bruten; Mai–Jun.*
NAHRUNG *Oft am Boden, Ameisen und ihre Larven, andere Insekten, Beeren.*
ÄHNLICHE ARTEN *Sperbergrasmücke.*

Mittel-specht

Dendrocoptes medius

Dieser versteckte Specht sucht hoch in den Bäumen nach Nahrung und trommelt nie, um seine Anwesenheit zu verkünden. Er ist auf Totholz oder absterbende Bäume angewiesen und in Gegenden, wo die Bestände stark durchforstet werden, ist er selten.

BRÜTET IN *alten Wäldern mit toten Bäumen. Kann in stark durchforsteten Beständen nicht überleben.*

STIMME *Langsam* kwek-kwek-kwek, *schwach* kik, *rhythmisch* kük-ük-kük-ük.
BRUTBIOLOGIE *Zimmert Höhle in absterbenden Ast; 4–7 Eier, 1 Brut; Mai–Jun.*
NAHRUNG *Insekten, Larven und Baumsaft in hohen Ästen, oft in Totholz.*
ÄHNLICHE ARTEN *Buntspecht, Kleinspecht.*

Bunt-specht 48

Dendrocopos major

Das schnelle Trommeln dieses Spechtes ist im Frühling häufig zu hören. Der Vogel selbst ist oft schwer zu sehen, wenn er auf seinen Schwanz gestützt auf einen Stamm hämmert. Er hat weniger Rot am Kopf und mehr am Unterschwanz als der Mittelspecht.

SUCHT IN *Gärten, Gebüsch und in alten Wäldern Nahrung. Brütet in Laub- und Nadelwäldern.*

STIMME *Explosiv* kik, *ratternde Alarmlaute; trommelt kurz, laut und schnell.*
BRUTBIOLOGIE *Zimmert Höhle in Baumstamm oder Ast; 4–7 Eier, 1 Brut; Apr.–Jun.*
NAHRUNG *Holt Insekten und Larven aus der Rinde; Samen und Beeren.*
ÄHNLICHE ARTEN *Mittelspecht, Kleinspecht.*

Grünspecht 47

Picus viridis

Dieser große, helle Specht macht im Frühjahr durch sein lautes Lachen auf sich aufmerksam und sucht v. a. am Boden nach Nahrung. Er ist wachsam und fliegt bei Störung ins Gebüsch. Der ähnliche Iberiengrünspecht (*P. sharpei*) hat ein graues Gesicht. Männchen haben einen roten, Weibchen einen schwarzen Bartstreif.

LEBT IN *und um Laub- und Mischwald und in Heidegebieten mit Büschen und Bäumen. Sucht im Gras nach Ameisen.*

STIMME *Schrill, explosiv* kjü-kjü-kjü*; Gesang lachend, abfallend* klü-klü-klü-klü.
BRUTBIOLOGIE *Zimmert Höhle in Baum; 5–7 Eier, 1 Brut; Mai–Jul.*
NAHRUNG *Holt Ameisen aus ihren Nestern.*
ÄHNLICHE ARTEN *Pirol.*

Schwarzspecht

Dryocopus martius

Obwohl er der größte europäische Specht ist, ist der scheue Schwarzspecht wegen seines schwarzen Gefieders oft schwer zu sehen. Im Frühjahr verkündet er mit lauten Rufen und explosivem Trommeln, das fast wie ein Maschinengewehr klingt, seine Anwesenheit.

LEBT IN *alten Wäldern mit großen Bäumen oder in Gebieten mit kleineren Waldstücken und Gruppen hoher Bäume.*

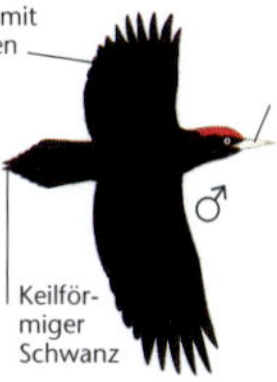

STIMME *Hoch, klagend* kliööh*; laut* krri-krri-krri-krri*; lautes Lachen und Trommeln.*
BRUTBIOLOGIE *Zimmert große Höhle in hohen Baum; 4–6 Eier, 1 Brut; Apr.–Jun.*
NAHRUNG *Insektenlarven aus Baumstämmen; Ameisen vom Boden.*
ÄHNLICHE ARTEN *Dohle, Saatkrähe, Rabenkrähe, Grünspecht (Silhouette).*

Wiedehopf

46

Upupa epops

Wenn er im Schatten nach Nahrung sucht, ist der Wiedehopf erstaunlich unauffällig, wenn er auffliegt, blitzt sein schwarz-weißes Muster auf. Er sieht keinem anderen europäischen Vogel ähnlich, v. a., wenn er seine gefächerte Haube aufstellt.

BRÜTET IN *offenen Wäldern, Parks und Gärten, Obstgärten, alten Dörfern und Gehöften.*

STIMME *Weich, tief, hohl* uhp-uhp-uhp, *oft wiederholt; rau* tscherr.
BRUTBIOLOGIE *Höhle in Baum oder Mauer; 5–8 Eier, 1 Brut; Apr.–Jul.*
NAHRUNG *Läuft auf dem Boden, pickt Larven, Insekten und Würmer auf.*
ÄHNLICHE ARTEN *Eichelhäher, Buntspecht.*

Kuckuck

Cuculus canorus

Der Ruf des Kuckucks ist jedermann bekannt, aber wenige kennen den Vogel selbst: ziemlich groß, mit langem Schwanz und Flügeln, ähnelt er mit der gebänderten Unterseite einem Sperber. Er sitzt oft mit hängenden Flügeln auf Bäumen oder Leitungen.

PARASITIERT *die Nester kleiner Vögel in Wäldern, Schilfbeständen, bewaldetem Agrarland und Mooren.*

STIMME *Bekanntes* ku-kuh, *dreisilbig* ku-ku-kuh; *Weibchen ruft kehlig lachend.*
BRUTBIOLOGIE *Legt Eier in Nester anderer Vögel; 1–25 (meist 9) Eier, 1 pro Nest; Mai–Jun.*
NAHRUNG *Große Raupen, andere Insekten.*
ÄHNLICHE ARTEN *Sperber, Turmfalke, Hohltaube.*

SUCHT NAHRUNG *in Heiden, offenem Gelände mit Gebüsch und auf Waldlichtungen.*

Ziegenmelker 44

Caprimulgus europaeus

Von diesem ungewöhnlichen, nachtaktiven Vogel ist v. a. der Gesang bekannt: ein langes, schnurrendes Trillern, das aus der Nähe hölzern klingt. Tagsüber ist er dank seiner perfekten Tarnung nicht zu sehen, in der Dämmerung kann man beobachten, wie er Falter fängt.

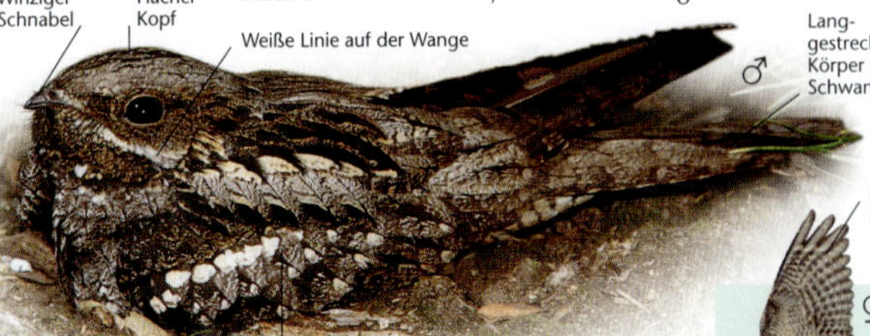

STIMME *Tief, nasal* kreit, *Gesang langes Schnurren, etwa* errrrrörrrrrörrrrerrrr.
BRUTBIOLOGIE *Nicht ausgelegte Bodenmulde; 2 Eier, 1–2 Bruten; Mai–Jul.*
NAHRUNG *Fängt im Flug Insekten, v. a. Nachtfalter, meist in der Dämmerung.*
ÄHNLICHE ARTEN *Gesang wie Feldschwirl, jedoch tiefer.*

BRÜTET IN *unterschiedlichsten offenen Landschaften mit Obstgärten, Wäldern, Büschen und Grasland.*

Blauracke

Coracias garrulus

Das blaue Gefieder der dohlengroßen Blauracke ist in Europa einzigartig, man kann sie mit keiner anderen Art verwechseln. Oft sitzt sie auf Leitungsdrähten und hält nach Beute Ausschau, auf die sie herunterstößt. Ihr taumelnder Balzflug ist spektakulär.

STIMME *Rau, krähenähnlich* rak, rak-aak *oder* rack-ak-ak.
BRUTBIOLOGIE *Nutzt Baumlöcher, Mauerlöcher oder alte Krähennester in Bäumen; 4–7 Eier, 1 Brut; Mai–Jun.*
NAHRUNG *Fängt v. a. große Insekten, auch Nagetiere und Eidechsen am Boden.*
ÄHNLICHE ARTEN *In Europa einzigartig.*

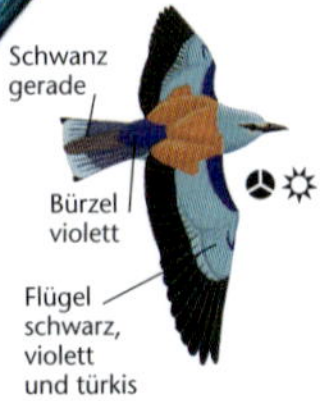

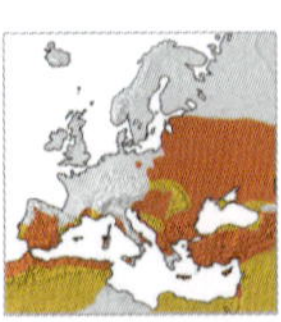

Bienenfresser

Merops apiaster

Der Bienenfresser ist mit seiner exotischen Farbkombination unverkennbar, wenn man ihn in gutem Licht sieht. Seine Gestalt und sein Verhalten sind auch typisch, wenn nur seine Silhouette zu erkennen ist: Wenn er fliegende Insekten jagt, steigt er mit schnellen, steifen Flügelschlägen auf, verharrt und gleitet kreisend abwärts. Sein Name ist zutreffend, denn er frisst wirklich Bienen und Wespen und scheint gegen ihre Stiche immun zu sein. Bienenfresser sind sehr sozial, leben in Schwärmen und sitzen oft Schulter an Schulter auf Ästen.

SITZT IN *warmen, buschigen Gebieten mit offenem Grasland und Erdwänden auf Leitungen und Bäumen.*

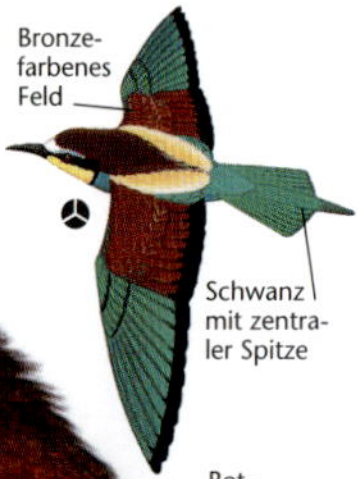

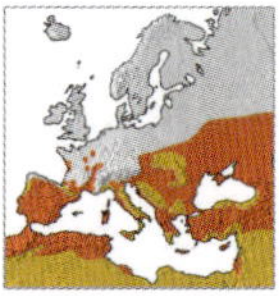

TIPP

Bienenfresser sitzen oft auf kargen Ästen toter Bäume an Flüssen, wo die vielen Insekten ihnen reiche Beute sichern. Uferwände bieten außerdem ideale Brutplätze und oft findet man hier große, im Sommer sehr belebte Brutkolonien.

STIMME *Typische gedämpfte, aber weit tragende kehlige Rufe, prüt prüt, ertönen im Chor von fliegenden Schwärmen.*
BRUTBIOLOGIE *Gräbt Röhren in sandige Steilwände oder flachere Erde, brütet in Kolonien; 4–7 Eier, 1 Brut; Mai–Jun.*
NAHRUNG *Fängt Insekten, u. a. Bienen, Wespen, Schmetterlinge und Libellen, in langen Schleifen fliegend oder gleitend; stößt auch von einer Sitzwarte herab wie ein Grauschnäpper.*
ÄHNLICHE ARTEN *Star (Silhouette).*

Turteltaube

41

Streptopelia turtur

LEBT IN *bewaldetem Agrarland, Laubwäldern mit sonnigen Lichtungen und hohen, dichten Hecken.*

Das Gurren der Turteltaube war im Sommer früher oft zu hören, aber da dichte Hecken und bewaldete Flächen durch intensive Landwirtschaft immer mehr verschwanden, ist ihr Bestand zurückgegangen. Sie ähnelt der Türkentaube, hat jedoch einen stärker gemusterten Rücken und einen schwarz-weißen Halsfleck.

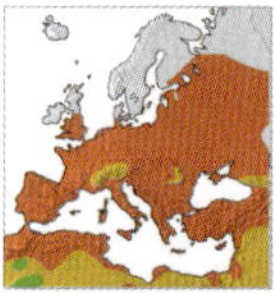

STIMME *Tiefes, angenehmes Gurren,* rurrr rurrr rurrr.
BRUTBIOLOGIE *Plattform aus dünnen Zweigen in Hecke oder niedrig in Baum; 2 Eier, 2–3 Bruten; Mai–Jul.*
NAHRUNG *Pickt Sämereien und frische Getreidetriebe vom Boden.*
ÄHNLICHE ARTEN *Türkentaube, Turmfalke.*

Türkentaube

40

Streptopelia decaocto

LEBT IN *Wäldern, Parks, Gärten, in Dörfern und Städten.*

Die Türkentaube, an ihrem hell graubraunen Körper, dem schwarzen Kragen und dem dreisilbigen ku-kuuh-ku zu erkennen, ist in Dörfern und Vorstädten häufig. Sie brütet meist in hohen Nadelbäumen. Der Balzflug des Männchens ist spektakulär, es steigt steil auf und gleitet harsch rufend herab.

STIMME *Laut, dreisilbig* ku-kuuh-kuk, ku-kuuh-ku; *Ruf im Flug nasal* kwäh.
BRUTBIOLOGIE *Plattform aus Zweigen; 2 Eier, 2–3 oder mehr Bruten, fast das ganze Jahr.*
NAHRUNG *Getreide, Samen und Triebe vom Boden; kommt an Futtertische.*
ÄHNLICHE ARTEN *Turteltaube, Felsentaube, Turmfalke.*

Hohltaube

38

Columba oenas

Diese kleine Taube kommt in Agrarland, Parks und im Hochland vor und ähnelt einer kleinen Ringeltaube, hat aber einen kürzeren Schnabel, bläulicheres Gefieder und keine weißen Flecken. Ihre beiden dunklen Flügelbänder sind viel kürzer als die der Felsentaube.

SUCHT AN *unterschiedlichsten Plätzen Nahrung, so auf überfluteten Feldern, in Agrarland und Mooren.*

STIMME *Dumpfe, rhythmische Laute, lauter werdend,* uu-wuh uu-wuh.
BRUTBIOLOGIE *Baum-, Mauer- oder Felshöhlung; 2 Eier, 2–3 Bruten; fast das ganze Jahr.*
NAHRUNG *Samen, Knospen, Triebe, Wurzeln, Beeren vom Boden; nie in Gärten.*
ÄHNLICHE ARTEN *Felsentaube, Ringeltaube.*

Felsentaube

Columba livia

Die Felsentaube, ein Vogel felsiger Küsten, ist die Stammform der Straßentaube. Sie hat einen aschgrauen Rücken, einen grün-violetten Halsfleck und zwei breite schwarze Flügelbinden. Straßentauben haben vielfältigste Gefiedermuster und Kreuzungen beider Formen ließen die wilde Felsentaube selten werden.

BRÜTET AN *Felswänden an der Küste und im Gebirge. Straßentauben sind weit verbreitet, vom Land bis in die Städte.*

STRASSENTAUBE

STIMME *Tief, rollend* uu-iuuh-urr, u-ru-ku.
BRUTBIOLOGIE *Dürftiges Nest auf Felsvorsprung, in Höhle; 2 Eier, 3 Bruten; fast das ganze Jahr.*
NAHRUNG *Sucht am Boden Samen, Knospen, Beeren und wirbellose Tiere.*
ÄHNLICHE ARTEN *Ringeltaube, Hohltaube, Falke im Flug.*

SUCHT V. A. *in Agrarland Nahrung. Brütet in Wäldern, Kulturland mit Bäumen, Parks und großen Gärten.*

Ringeltaube 39

Columba palumbus

Die große Taube, die oft Schwärme bildet, ist an ihrem weißen Halsfleck, der rosafarbenen Brust und der plumpen Gestalt mit dem kleinen Kopf zu erkennen. In Stadtparks wird sie zutraulich, auf dem Land, wo sie oft als Schädling gilt, ist sie scheu.

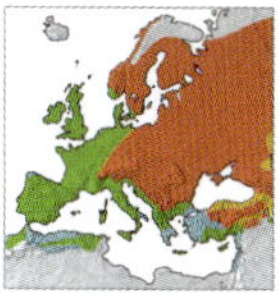

STIMME *Gedämpft, hohl* kuu-kuhku, ku-ku, kuk; *lautes Flügelklatschen beim plötzlichen Start, im Balzflug.*
BRUTBIOLOGIE *Plattform aus Zweigen in Baum; 2 Eier, 1–2 Bruten; Apr.–Sep.*
NAHRUNG *Knospen, Blätter, Beeren, Früchte in Bäumen, auf dem Boden.*
ÄHNLICHE ARTEN *Felsentaube, Hohltaube.*

BRÜTET AUF *großen Flutrasen. Durchzügler suchen in Marschen, Schilfbeständen und schlammigen Flächen Nahrung.*

Tüpfelsumpfhuhn

Porzana porzana

Obwohl nicht wirklich scheu, lebt das Tüpfelsumpfhuhn versteckt, sucht in dichter Vegetation nach Nahrung und kommt selten ins Freie. Es ähnelt der Wasserralle, der Schnabel ist jedoch kurz und gelb, nicht lang und rot. Sein braunes Gefieder ist hübsch gemustert.

STIMME *Wiederholtes scharfes* hwit, hwit, hwit, *in der Dämmerung oder nachts.*
BRUTBIOLOGIE *Kleine Schale aus Blättern und Stängeln, zwischen Halmen über Wasser; 8–12 Eier, 1 Brut; Mai–Jul.*
NAHRUNG *Insekten und wirbellose Tiere aus Schlamm und Wasser, von Blättern.*
ÄHNLICHE ARTEN *Teichhuhn, Wasserralle.*

Wasserralle

Rallus aquaticus

SUCHT IN *Schilfbeständen, Weidendickichten und an Ufern nach Nahrung.*

Der versteckt lebende Vogel ist in dichter Ufervegetation oft schwer zu sehen. Wenn er kurz ins Freie kommt, verschwindet er meist schnell wieder zwischen den Halmen. In der Dämmerung erkennt man ihn an seinen quiekenden Rufen.

STIMME *Lautes, wiederholtes* kipkipkipkip, *quiekende und grunzende Rufe.*
BRUTBIOLOGIE *Nest aus Blättern und Gräsern in Vegetation etwas über dem Wasser; 6–11 Eier, 2 Bruten; Mai–Aug.*
NAHRUNG *Insekten und Mollusken; auch Samen, Beeren, tote Tiere, Wühlmäuse.*
ÄHNLICHE ARTEN *Tüpfelsumpf-, Teichhuhn.*

Wachtelkönig 19

Crex crex

BRÜTET IN *Feuchtwiesen und dichten Wiesen mit später Mahd.*

Der schnarrende Gesang des Männchens war früher in Wiesen oft zu hören, heute jedoch nur noch dort, wo das Gras so spät gemäht wird, dass Nester und Jungvögel unbeschadet bleiben. Der Vogel ist meist nur kurz zu sehen, wenn er nach Gefahren Ausschau hält.

STIMME *Laute, immer wiederholte Doppelrufe, aus der Entfernung hell, aus der Nähe rau, schnarrend, wie* rrrep-rrrep.
BRUTBIOLOGIE *Bodenmulde, mit Gras ausgekleidet; 8–12 Eier, 1–2 Bruten; Mai–Aug.*
NAHRUNG *Insekten, Samen, Blätter und Triebe vom Boden und von der Vegetation.*
ÄHNLICHE ARTEN *Tüpfelsumpfhuhn, Wachtel.*

Wachtel 17

Coturnix coturnix

Die kleine, rundliche und schmalflügelige Wachtel lebt in hohem Gras und Getreidefeldern. Man hört sie oft, sieht sie jedoch selten. Manchmal fliegt sie auf und einen kurzen, niedrigen Bogen, bevor sie wieder in der Deckung verschwindet.

BRÜTET IN *großen Gras- oder Getreideflächen und sucht dort Nahrung, meist in warmen, trockenen Gegenden. Durchzügler rasten in Feldern und auf offenen Flächen.*

STIMME *Gesang sehr laut, weithin hörbar* pick-per-wick, *auch brummende Laute.*
BRUTBIOLOGIE *Flache Mulde, versteckt in Gras oder Getreide, mit Pflanzen ausgelegt; bis 12 Eier, 1 Brut; Mai–Jun.*
NAHRUNG *Pickt Samen, Triebe und kleine Insekten vom Boden oder von Blättern.*
ÄHNLICHE ARTEN *Rebhuhn, Wachtelkönig.*

Rebhuhn 16

Perdix perdix

Dieses kleine Huhn ist typisch für extensiv bewirtschaftete Feldflur mit Hecken. Es sucht in Trupps in hohem Gras nach Nahrung, hält manchmal inne, hebt den Kopf und schaut um sich. Bei Störungen fliegt es mit schwirrenden Flügelschlägen auf.

LEBT IN *Agrarland, v. a. Grünland mit vielen Insekten. Auch in Heiden, Mooren und Dünen.*

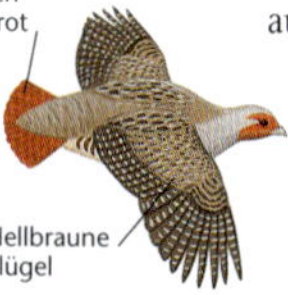

STIMME *Auffälliges, mechanisch klingendes Krähen* kieee-ik *oder* ki-jik.
BRUTBIOLOGIE *Versteckte flache Bodenmulde; 10–20 Eier, 1 Brut; Apr.–Jun.*
NAHRUNG *Insekten, Blätter und Triebe vom Boden; füttert Nestlinge mit Insekten.*
ÄHNLICHE ARTEN *Rothuhn, Fasan (Jungvogel); Jungvögel ähneln Wachteln.*

BRÜTET AN *offenen Hängen mit nacktem Boden und in trockenem Agrarland. Auch in Heiden und Dünen.*

Rothuhn

Alectoris rufa

Das attraktive Rothuhn mit seinem roten Schnabel ist überraschend gut getarnt. Es lebt vorwiegend an warmen, offenen, steinigen Hängen oder in Agrarland mit sandigem Boden. Sein Gefieder ist unverkennbar, in manchen Gegenden kreuzt es sich jedoch mit dem eingeführten Chukarhuhn.

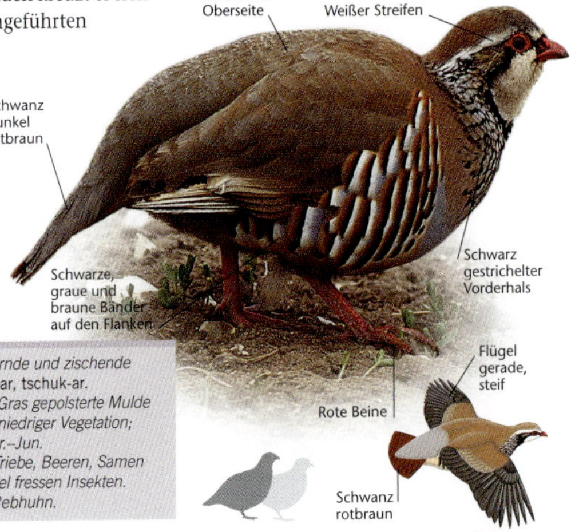

STIMME *Tiefe gackernde und zischende Laute, wie* tschak-ak-ar, tschuk-ar.
BRUTBIOLOGIE *Mit Gras gepolsterte Mulde am Boden zwischen niedriger Vegetation; 7–20 Eier, 1 Brut; Apr.–Jun.*
NAHRUNG *Blätter, Triebe, Beeren, Samen vom Boden; Jungvögel fressen Insekten.*
ÄHNLICHE ARTEN *Rebhuhn.*

Fasan 18

LEBT AN *Waldrändern, in Kulturland, Schilfbeständen, Heiden und Mooren.*

Phasianus colchicus

Das Männchen ist laut und auffallend, sein Gefieder variabel, es hat aber immer kräftig rote Hautlappen um das Auge. Das Weibchen ist unauffälliger, sein Schwanz ist jedoch ebenfalls lang und spitz.

STIMME *Explosiv* korr-kok *mit plötzlichem Flügelschlagen; im Flug lautes Glucksen.*
BRUTBIOLOGIE *Mulde am Boden, unter Deckung; 8–15 Eier, 1 Brut; Apr.–Jul.*
NAHRUNG *Vielfältige Nahrung vom Boden, Samen, Beeren, Insekten, Eidechsen.*
ÄHNLICHE ARTEN *Weibchen ähnelt Rebhuhn-Weibchen, Birkhuhn.*

BRÜTET IN *der Tundra, auf Findlingsflächen und an Felsküsten. Im Süden im Hochgebirge.*

Alpenschneehuhn

Lagopus muta

Das Alpenschneehuhn wirkt zwar zierlicher als das Moorschneehuhn, ist aber an härtere klimatische Bedingungen angepasst. Es lebt in der nordischen Tundra und auf den höchsten Gipfeln der Alpen und Pyrenäen, wo der Boden im Winter unter einer dicken Schneedecke verborgen ist. Es kann zu jeder Jahreszeit schwer zu sehen sein, denn sein hervorragendes Tarnkleid verändert sich mit den Jahreszeiten und bei Gefahr verharrt es bewegungslos auf der Stelle. Im Winterkleid ähnelt es dem Moorschneehuhn stark.

TIPP

Das Alpenschneehuhn ist kleiner als das Moorschneehuhn und hat einen kleineren Schnabel. Die Rufe beider Arten unterscheiden sich deutlich.

STIMME *Tiefe hölzerne und krächzende Laute, meist viersilbig arr-karr-ka-karrrr; auch kurzes Gackern.*
BRUTBIOLOGIE *Nest in Bodenmulde, mit Gras ausgelegt; 5–9 Eier, 1 Brut; Mai–Jul.*
NAHRUNG *vom Boden, nimmt Triebe, Blätter, Knospen, Samen und Beeren von einer Vielzahl niedrigwüchsiger Sträucher; auch Insekten, die v.a. für Jungvögel wichtig sind.*
ÄHNLICHE ARTEN *Moorschneehuhn.*

Moorschneehuhn

Lagopus lagopus

LEBT IN *Mooren, Heiden und auf Lichtungen in Nordeuropa, die Unterart* L. l. scoticus *v. a. in Mooren der Britischen Inseln.*

Das Moorschneehuhn ist gedrungen, ähnelt dem Alpenschneehuhn und ist im Wintergefieder kaum von ihm zu unterscheiden. In den felsigen Teilen seines Verbreitungsgebietes überschneiden sich die beiden Arten. Bei der britischen und irischen Unterart, *L. l. scoticus,* hat das Männchen ein dunkel rotbraunes Gefieder. Es ist nur am Unterflügel weiß und wechselt auch im Winter die Farbe nicht.

TIPP

Ein Moorschneehuhn hat anders als ein Alpenschneehuhn-Männchen kein Schwarz im Gesicht, im Sommer ist sein Gefieder eher rotbraun. Weibchen im Winter sind sehr ähnlich, nur der Schnabel ist dicker.

STIMME *Tiefe, hölzerne und krächzende Laute, deren Echo durch das Moor hallt,* kau-kau-kau-ka-ka-karrr-rrr-g'back, g'back, bak.
BRUTBIOLOGIE *Spärlich mit Gras ausgelegte Bodenmulde; 6–9 Eier, 1 Brut; Apr.–Mai.*
NAHRUNG *Pflückt Triebe und Samen von niedrigen Büschen, während es steht oder langsam läuft; auch Beeren und Sämereien; Jungvögel fressen Insekten.*
ÄHNLICHE ARTEN *Alpenschneehuhn, Rebhuhn.*

Birkhuhn

Lyrurus tetrix

LEBT AN *Rändern von Mooren, auf Waldlichtungen, in Heiden, Birkengestrüpp und jungen Nadelbaumanpflanzungen.*

Das blauschwarze Gefieder und die gekrümmten äußeren Schwanzfedern des Männchens sind unverwechselbar, v. a. bei der Balz, wenn es den Schwanz hebt und einen Fächer weißer Federn zur Schau stellt. Das kleinere Weibchen ist weniger charakteristisch, der gekerbte Schwanz ist ein wichtiges Bestimmungsmerkmal. Im Frühjahr versammeln sich die Männchen an gemeinsamen Balzplätzen, um den Weibchen mit Scheingefechten, gespreiztem Gefieder und kullernden Lauten zu imponieren. Bei Störung fliegen sie sofort weg.

TIPP

Birkhühner (♂♀) haben ein großes weißes Feld auf ihren Unterflügeln. Im Flug wirken sie im Vergleich zu Moorschneehühnern lang gestreckt und fliegen bei Störung höher auf.

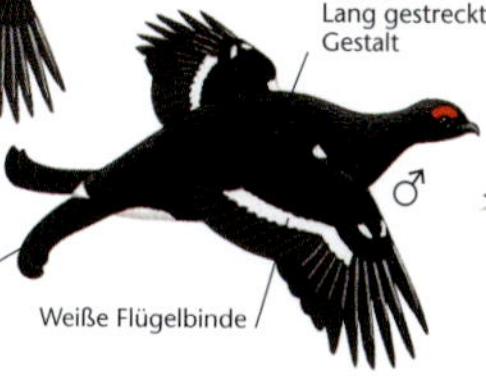

STIMME *Weibchen rufen kurz bellend; balzende Männchen lassen weit tragende kullernde Laute und ein explosives* tschuchui *hören.*
BRUTBIOLOGIE *Mulde am Boden, neben Heidekraut oder Farnen, wenig ausgekleidet; 6–10 Eier, 1 Brut; Apr.–Jul.*
NAHRUNG *Sämereien, Beeren, Knospen, Triebe, Blätter und Blüten vieler Sträucher, Seggen und Bäume wie Birke und Hasel, je nach jahreszeitlichem Angebot; die Jungen fressen Insekten.*
ÄHNLICHE ARTEN *Auerhahn, Moorschneehuhn (Weibchen).*

Auerhuhn

Tetrao urogallus

Das Auerhuhn ist der bei weitem größte Hühnervogel. V. a. das Männchen ist massig, dunkel und aggressiv. Das Weibchen ist wesentlich kleiner und unauffälliger. Die Männchen balzen im Frühjahr und beeindrucken die Weibchen mit ihrem bemerkenswerten Gesang und Sprüngen, bei denen sie mit den Flügeln schlagen. Das scheue Auerhuhn reagiert empfindlich auf Störungen und ist in vielen Teilen seines Verbreitungsgebietes ernsthaft gefährdet.

LEBT IN *alten Kiefernwäldern und auf morastigen Lichtungen mit Heidelbeeren, Wacholder und Heidekraut.*

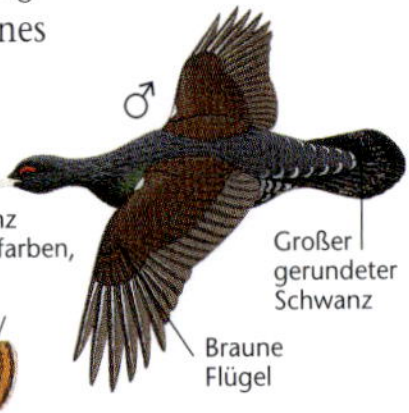

TIPP

Trotz seiner Größe lässt sich das Auerhuhn auf Bäumen nieder und ernährt sich im Winter von Nadeln und Knospen. Im Sommer ist es häufiger am Boden. Selten ist es möglich, ihm nahezukommen. Manchmal sitzt es jedoch still, bis es mit lauten Flügelschlägen vor den Füßen auffliegt.

STIMME *Fasanenähnliches Krächzen; Männchen lässt bei der Balz ein Wetzen hören, das in einem knallenden Schlag endet; gurgelnde Laute.*
BRUTBIOLOGIE *Mulde am Boden, oft neben einem Stamm, mit Gras, Nadeln und Zweigen ausgelegt; 5–8 Eier, 1 Brut; März–Jul.*
NAHRUNG *Triebe, Blätter und Knospen verschiedener Sträucher und Bäume, unterschiedlichste Beeren, v. a. Heidelbeeren; im Winter Kiefernnadeln aus den Kronen.*
ÄHNLICHE ARTEN *Birkhenne.*

Haselhuhn

Bonasa bonasia

GANZJÄHRIG *in dichten Nadelwäldern, mag feuchte Täler und Flussufer.*

Das Haselhuhn ist schwierig zu beobachten. Er hält sich meist am Boden im Unterwuchs auf und fliegt in weiter Entfernung mit lauten Flügelschlägen auf. Dann kann man den Kontrast zwischen dem hellgrauen Bürzel und dem schwarzen Band am Ende des Schwanzes sowie die braunen Flügel und den Rücken erkennen.

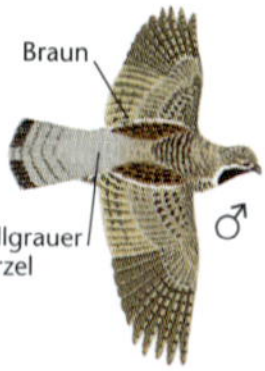

TIPP

Das scheue und meist versteckt lebende Haselhuhn ist am besten an seinem typischen Gesang zu identifizieren.

STIMME *Flüssiges Trillern; Gesang des Männchens helle Pfiffe, wie Wintergoldhähnchen.*
BRUTBIOLOGIE *Napf aus Gras, Zweigen und Blättern am Boden; 7–11 gelbbraune Eier mit rötlicher Zeichnung, 1 Brut; später März-Juli.*
NAHRUNG *Knospen, Blätter, Triebe, Blüten, Beeren, Samen; auch Insekten.*
ÄHNLICHE ARTEN *Birkhuhn (Weibchen).*

Kranich

Grus grus

BRÜTET IN *abgelegenen Sümpfen und Waldmooren. Im Winter in großen Steineichenbeständen, an moorigen Seeufern.*

Dem Graureiher ähnlich, aber viel größer und eleganter, ist der Kranich einer der auffälligsten europäischen Vögel. Er schreitet in aufrechter Haltung einher und die Armschwingen seiner gefalteten Flügel bilden am Schwanz einen Federbusch. Im Frühling und Sommer sammeln sich große Trupps zur Balz mit lauten Trompetenrufen.

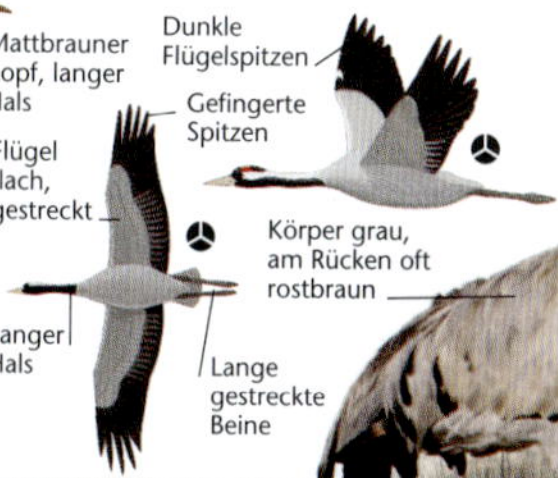

STIMME *Laut und tief* kruk *oder* kro.
BRUTBIOLOGIE *Haufen aus Halmen und Blättern am Boden, schwer zu entdecken; 2 Eier, 1 Brut; Mai–Jul.*
NAHRUNG *Gräbt Wurzeln, Körner, Getreide und Insektenlarven aus; frisst auch Wühlmäuse, Frösche, junge Vögel; im Winter Eicheln.*
ÄHNLICHE ARTEN *Graureiher.*

Zwergtrappe

Tetrax tetrax

Auch wenn sie der Großtrappe ähnelt, ist die Zwergtrappe kleiner und agiler. Sie bleibt meist am Boden in Deckung und ist schwer zu sehen, bis sie auffliegt. Dann fliegt sie niedrig und schnell, die Flügel des Männchens pfeifen im Flug.

BALZT UND *brütet auf offenen, steinigen und trockenen Gras- und Getreidelandschaften.*

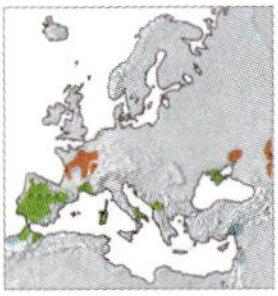

STIMME *Männchen wiederholen im Frühjahr etwa alle 10 Sekunden ein kurzes Grunzen; Weibchen gackern kurz.*
BRUTBIOLOGIE *Bodenmulde in guter Deckung; 3–5 Eier, 1 Brut; Apr.–Jun.*
NAHRUNG *Samen, Getreide, Triebe, Knospen, Wurzeln und Insekten vom Boden.*
ÄHNLICHE ARTEN *Fasan, Großtrappe.*

Großtrappe

Otis tarda

Massiv, mit kräftigen Beinen und Schnabel, ist die Großtrappe einer der größten und schwersten flugfähigen Vögel der Welt. Ihr Balzverhalten ist sehr spektakulär. Das Weibchen ist wesentlich kleiner und unauffälliger.

LEBT IN *ungestörten Gegenden in offenen Ebenen mit trockenem Gras oder Getreidefeldern.*

STIMME *Meist schweigsam.*
BRUTBIOLOGIE *Nicht ausgelegte Bodenmulde; 2–3 Eier, 1 Brut; Apr.–Jun.*
NAHRUNG *Fängt kleine Nagetiere, Reptilien, Amphibien und Insekten am Boden.*
ÄHNLICHE ARTEN *Zwergtrappe (jedoch viel kleiner).*

Watvögel

Watvögel nennt man auch Limikolen (Schlammbewohner). Die meisten Arten haben lange Beine, mit denen sie in seichtem Wasser waten können, ihre Schnäbel variieren von kurz bis sehr lang. Die Gruppe umfasst unterschiedliche Typen, wie Austernfischer, Säbelschnäbler, Regenpfeifer, Strandläufer, Uferschnepfen und Brachvögel. Während manche weitab vom Meer an Seen und Flüssen brüten, in Feuchtgebieten und in der Tundra, halten sich die meisten außerhalb der Brutzeit an Küsten auf. Ebenfalls in diesem Kapitel vorgestellt werden einige langbeinige Vögel, die in flachem Wasser waten, wie Reiher, Dommeln und Störche.

GOLDREGENPFEIFER

STELZENLÄUFER

GRAUREIHER

GROSSER BRACHVOGEL

Flussregenpfeifer

Charadrius dubius

Der hübsche kleine Flussregenpfeifer lebt an Süßwasserständen und in offenem Gelände, wo er, typisch für Regenpfeifer, läuft, kurz innehält und sich vorbeugt und weiterläuft, wenn er nach Nahrung sucht. Er ähnelt dem Sandregenpfeifer, der eher an Küsten vorkommt.

BRÜTET AN *kiesigen und sandigen Seeufern, trockenen kiesigen Flussbetten, auch auf Abgrabungsflächen und in Kiesgruben.*

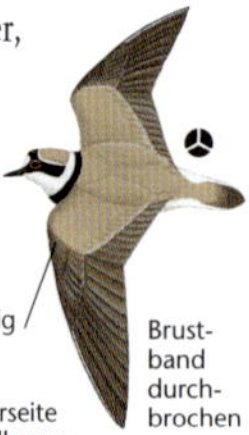

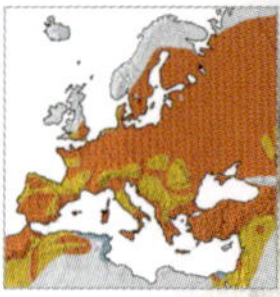

STIMME *Kurz, abrupt, pfeifend* piu; *im Singflug rollend rau* krrri-krrri-krrri.
BRUTBIOLOGIE *Mulde im vegetationslosen Boden; 4 Eier, 1 Brut; Apr.–Jun.*
NAHRUNG *Pickt Insekten und wirbellose Tiere vom Boden, indem er im Laufen kurz innehält und sich vorbeugt.*
ÄHNLICHE ARTEN *Sandregenpfeifer.*

Sandregenpfeifer 23

Charadrius hiaticula

Diesen Regenpfeifer mit dem auffälligen Kopf- und Brustmuster findet man im Sommer an sandigen Stränden oder bei Flut in dichten Schwärmen zusammen mit anderen Regenpfeifern. Durchzügler tauchen im Binnenland auf.

BRÜTET AN *Sand- und Kiesstränden. Zunehmend im Binnenland an Flussufern oder in Kiesgruben.*

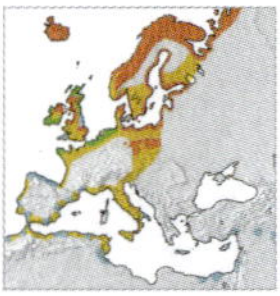

STIMME *Flötender Pfiff, melodisch* pü-ji, *auch scharf* quiip; *im Singflug* tuu-wii-a tuu-wii-a.
BRUTBIOLOGIE *Flache Mulde, mit Steinchen oder Gras ausgelegt; 4 Eier, 2–3 Bruten; Apr.–Aug.*
NAHRUNG *Pickt kleine Insekten und Würmer vom Boden, in typischer Regenpfeifer-Technik.*
ÄHNLICHE ARTEN *Flussregenpfeifer.*

Seeregenpfeifer

Charadrius alexandrinus

Der kleine Regenpfeifer ist vom Sandregenpfeifer an den dunklen Beinen und dem durchbrochenen Brustband zu unterscheiden. Er ist v. a. im Süden verbreitet, selten erscheinen Durchzügler weiter nördlich.

LEBT V. A. *auf sandigen Flächen nahe Küsten und bei Süßwasserlagunen und überfluteten Gebieten. Durchzügler im Binnenland.*

STIMME *Kurzer, scharfer Pfiff, etwa* bi-jip; *trillernde Laute bei der Balz.*
BRUTBIOLOGIE *Mulde in Sand, mit Kieseln ausgelegt; 3–4 Eier, 2 Bruten; März–Jul.*
NAHRUNG *Nimmt kleine Wirbellose vom Boden, in typischer Regenpfeifer-Technik.*
ÄHNLICHE ARTEN *Sandregenpfeifer, Flussregenpfeifer (Jungvögel).*

Mornellregenpfeifer

Charadrius morinellus

Der Mornellregenpfeifer ist einer der wenigen europäischen Vögel, bei denen die Rollen der Geschlechter vertauscht sind: Das Weibchen übernimmt bei der Balz die Führung und ist größer und im Sommer bunter als das Männchen. Die Vögel sind sehr zutraulich.

BRÜTET IN *der Tundra oder auf hohen Berggipfeln mit Flechten und anderer spärlicher Vegetation, oft in Gegenden mit blankem Fels und Geröll.*

STIMME *Weich* pip pip *oder fein* wit-ii-wii; *Durchzügler pfeifen manchmal trillernd.*
BRUTBIOLOGIE *Flache Bodenmulde, meist von niedriger Vegetation verdeckt; 3 Eier, 1 Brut; Mai–Aug.*
NAHRUNG *Fliegen, Käfer, Regenwürmer und andere wirbellose Tiere vom Boden.*
ÄHNLICHE ARTEN *Goldregenpfeifer.*

Goldregenpfeifer 25

Pluvialis apricaria

Im Winter suchen Goldregenpfeifer in großen Schwärmen auf Feldern im Tiefland nach Nahrung, oft zusammen mit Kiebitzen. Im Wintergefieder ähneln sie dem Kiebitzregenpfeifer, es fehlt ihnen jedoch der schwarze Achselfleck und sie haben dünnere Schnäbel.

SUCHT IM *Winter auf Feldern, Weiden und Salzmarschen nach Nahrung. Brütet in Mooren und der Tundra.*

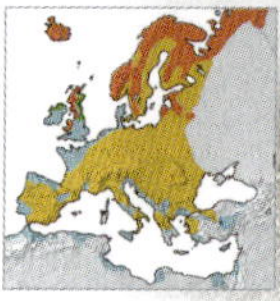

STIMME *Klagende Pfiffe,* tliie, *höher* tlii, triioliie *und Varianten; im Singflug* piiu-u, piie-u.
BRUTBIOLOGIE *Bodenmulde, mit Flechten und Heide ausgelegt, in Heide oder Gras, oft auf Brandflächen; 4 Eier, 1 Brut; Apr.–Jul.*
NAHRUNG *Im Sommer Insekten, im Winter meist Regenwürmer.*
ÄHNLICHE ARTEN *Kiebitzregenpfeifer.*

Kiebitzregenpfeifer 24

Pluvialis squatarola

Der Kiebitzregenpfeifer sieht wie die silberne Ausgabe des Goldregenpfeifers aus, ist aber größer und hat einen dickeren Schnabel. Er kommt eher an Küsten vor, sucht typischerweise im Watt nach Nahrung und rastet bei Flut in ruhigen Schwärmen in Feldern.

SUCHT VOM *Herbst bis ins Frühjahr im Wattenmeer und an Flachküsten Nahrung. Brütet in der Tundra.*

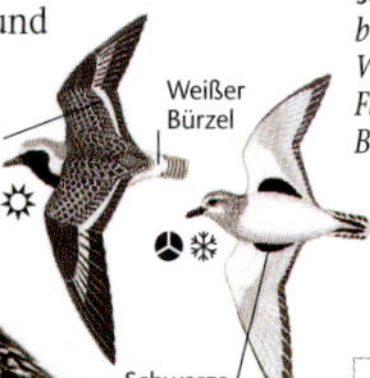

STIMME *Hoch klagend* twii-u-wiee; *lauter, melancholisch flötender Gesang.*
BRUTBIOLOGIE *Flache Bodenmulde in kurzer Vegetation; 4 Eier, 1 Brut; Mai–Jul.*
NAHRUNG *Im Winter Würmer, Mollusken, Krebstiere aus dem Schlamm; im Sommer in der Tundra v. a. Insekten.*
ÄHNLICHE ARTEN *Goldregenpfeifer, Knutt.*

Kiebitz

26

Vanellus vanellus

BRÜTET AUF *feuchten Flächen, Weiden, Feldern und Äckern. Überwintert auf Feldern, Wiesen und in Salzmarschen.*

Der Kiebitz, an seiner spitzen Haube zu erkennen, ist der größte und bekannteste Regenpfeifer in Europa. Aus der Entfernung wirkt er schwarz-weiß, von nahem sieht man die metallisch grün schimmernde Oberseite. Er ist sehr gesellig und brütet in lockeren Kolonien in ungestörten Wiesen und Äckern und die Männchen zeigen in der Luft spektakuläre Balzflüge mit lauten Rufen. Außerhalb der Brutsaison bildet er auf Feldern und Weiden große Schwärme, oft mit Goldregenpfeifern und Lachmöwen.

TIPP

Wenn ein Kiebitz im Sommer mit schrillen Rufen auf Sie herabstößt, versucht er, seine Eier oder Jungen zu verteidigen. Passen Sie auf, wo Sie hintreten.

STIMME *Nasal, weinerlich* wiit *oder* i-wit, *im Frühling Gesang der Männchen* whii-erwie-chrräuit-wit-wit, *von Flügelwuchteln begleitet.*
BRUTBIOLOGIE *Flache Bodenmulde, mit Gras ausgelegt; 3–4 Eier, 1 Brut; Apr.–Jun.*
NAHRUNG *Insekten oder Spinnen vom Boden, Regenwürmer aus der Erde; trampelt mit dem Fuß auf den Boden, um Beute aufzuschrecken.*
ÄHNLICHE ARTEN *Unverkennbar.*

Zwergstrandläufer

Calidris minuta

Der kleinste der häufigeren Watvögel brütet im hohen Norden, wandert aber im Herbst weiter in den Süden. Die meisten Vögel, die in Westeuropa erscheinen, sind Jungvögel, die in Trupps an schlammigen Ufern Nahrung suchen.

BRÜTET IN *der Tundra, erscheint auf dem Durchzug an Ufern von Seen und Lagunen.*

STIMME *Hart und scharf* tipp *oder* trip, *manchmal* ti-ti-trip.
BRUTBIOLOGIE *Kleine Bodenmulde nahe am Wasser; 4 Eier, 1 Brut; Mai–Jul.*
NAHRUNG *Fängt kleine Wirbellose am Wasserrand; watet selten ins tiefe Wasser.*
ÄHNLICHE ARTEN *Sanderling, Alpenstrandläufer.*

Temminckstrandläufer

Calidris temminckii

Dem Zwergstrandläufer ähnlich, aber heller und länger gestreckt, ist dieser Strandläufer eine Art, die in der Arktis brütet und auf dem Durchzug erscheint. Er ist in Nordwesteuropa viel seltener und sucht meist einzeln an überwucherten, sumpfigen Stellen nach Nahrung.

SUCHT AUF *dem Durchzug an schlammigen, überwucherten Ufern Nahrung. Brütet in der arktischen Tundra.*

STIMME *Flugruf trillerndes* tirrr, *oft zu trockenem Triller ausgedehnt,* tirr-r-r tirr-r-r.
BRUTBIOLOGIE *Bodenmulde, nicht ausgelegt, in Vegetation; 4 Eier, 1 Brut; Mai–Jun.*
NAHRUNG *Pickt Insekten von niedriger Vegetation und aus dem Schlamm.*
ÄHNLICHE ARTEN *Zwergstrandläufer, Flussuferläufer.*

ÜBERWINTERT *in Marschen, an Seeständen und großen Flussmündungen. Brütet in der Tundra und in nassen Mooren.*

Alpenstrandläufer 27

Calidris alpina

Der Alpenstrandläufer ist weit verbreitet und im Winter an fast allen europäischen Stränden anzutreffen. Er erscheint oft in riesigen Schwärmen, die in schlammigen Gebieten und im Watt Nahrung suchen und akrobatische Flugmanöver vorführen. Sein Wintergefieder ist sehr unauffällig. Brütende Vögel sind wesentlich charakteristischer: oberseits lebhaft kastanienbraun und schwarz und mit schwarzem Bauchfleck. Es gibt drei Unterarten, von denen die nordskandinavische, *C. a. alpina,* das hellste Brutkleid und den am stärksten gebogenen Schnabel hat. Die grönländische Unterart, *C. a. arctica,* ist matter gefärbt, der Schnabel kürzer und die britische und südskandinavische, *C. a. schinzii,* ist eine Mischung aus den beiden anderen.

TIPP

Im Winter ist der Alpenstrandläufer ein unauffälliger Watvogel mit wenigen typischen Merkmalen. Er taucht in riesigen Schwärmen auf. Die dichten Schwärme bewegen sich mit hoher Präzision, ähnlich Staren, weichen hierhin und dorthin aus und fliegen oft übers Meer und wieder zurück.

STIMME *Dünn, vibrierend* triie, *rauer* triirrr; *im Singflug zu Strophen trillernder, rauer Laute verlängert; Schwärme zwitschern leise.*
BRUTBIOLOGIE *Kleine Schale, mit Gras gepolstert, am Boden oder in Grasbüschel; 4 Eier, 1 Brut; Mai–Jul.*
NAHRUNG *Sucht in Schwärmen an schlammigen und trockeneren Stränden nach Nahrung, watet manchmal ziemlich tief ins Wasser, stochert nach Würmern, Insekten und Mollusken.*
ÄHNLICHE ARTEN *Knutt, Sanderling.*

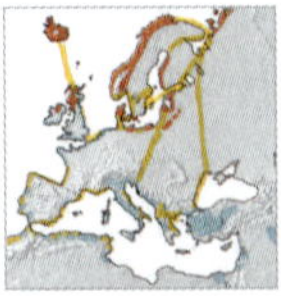

Sichelstrandläufer

Calidris ferruginea

Der Sichelstrandläufer folgt dem gleichen Zugmuster wie der Zwergstrandläufer und erscheint mit ihm zusammen im Frühling und Spätsommer als Durchzügler in Mitteleuropa. Die im Frühling prächtig gefärbten Altvögel sieht man meist in Südosteuropa, während die Vögel, die später im Jahr in Westeuropa Nahrung suchen, Jungvögel oder Altvögel in der Mauser sind. Oft suchen sie zusammen mit Alpenstrandläufern nach Nahrung, können aber mit ihren längeren Beinen und Schnäbeln weiter ins Wasser waten und tiefer im Schlamm stochern. Mit ihren länger gestreckten Körpern sehen sie eleganter aus.

SUCHT IN *seichten Süßgewässern und Marschen und an schlammigen Küsten nach Nahrung. Brütet in der arktischen Tundra.*

TIPP

Außer einigen viel selteneren Strandläufern ist der Sichelstrandläufer der einzige mit weißem Bürzel. Im Flug ist dieser deutlich zu erkennen. Wenn er zusammen mit anderen Arten nach Nahrung sucht, kann man den Bürzel manchmal ebenfalls sehen und den Vogel mit großer Sicherheit bestimmen.

STIMME *Flugruf ist weich trillernd und etwas rollend* tschirr-up, *ähnlich den Rufen des Alpenstrandläufers bei der Nahrungssuche.*
BRUTBIOLOGIE *Kleine flache Bodenmulde in der Tundra; 4 Eier, 1 Brut; Mai–Jul.*
NAHRUNG *Watet mit seinen langen Beinen tiefer ins Wasser als der Alpenstrandläufer, sucht mit seinem längeren Schnabel in weicherem Schlamm nach Würmern und Mollusken.*
ÄHNLICHE ARTEN *Alpenstrandläufer, Knutt.*

Sanderling

Calidris alba

SUCHT IN *Schwärmen auf breiten Sandstränden nach Nahrung, selten im Binnenland. Brütet in der Tundra.*

Im Winter ist der Sanderling bei weitem der hellste unter den Watvögeln. Seine Art der Nahrungssuche ist sehr typisch: Er läuft agil und schnell ans Ufer schlagenden Wellen davon und ihnen hinterher, wenn sie sich zurückziehen, um angespülte Tiere aufzusammeln.

STIMME *Scharf, kurz* plit *oder* twik twik.
BRUTBIOLOGIE *Bodenmulde, mit Weidenblättern ausgelegt; 4 Eier, 1 Brut; Mai–Jul.*
NAHRUNG *Würmer, Mollusken, Krebstiere sowie Sandflöhe, Insekten und andere Tiere aus dem Spülsaum.*
ÄHNLICHE ARTEN *Alpenstrandläufer, Zwergstrandläufer.*

Odinshühnchen

Phalaropus lobatus

BRÜTET IM *hohen Norden in der Tundra, verbringt den Winter auf dem Meer. Gelegentlicher Durchzügler.*

Das zierliche Odinshühnchen schwimmt meistens mit erhobenem Kopf auf dem Wasser. Im hohen Norden ist es ein häufiger Brutvogel, im größten Teil Westeuropas im Herbst ein gelegentlicher Durchzügler. Im Winter ähnelt es dem Thorshühnchen sehr, hat aber einen hinten nach unten gezogenen Augenfleck.

STIMME *Scharf* twik *und kurze, zwitschernde Laute.*
BRUTBIOLOGIE *Kleine Mulde in Grasbüscheln in Mooren; 4 Eier, 1 Brut; Apr.–Jul.*
NAHRUNG *Insekten und Krebstiere an der Wasserlinie oder von der Wasseroberfläche, dreht sich dabei oft im Kreis.*
ÄHNLICHE ARTEN *Thorshühnchen.*

Thorshühnchen

Phalaropus fulicarius

Wie auch beim Odinshühnchen haben bei dieser Art die Weibchen ein bunteres Gefieder als die Männchen. Die Vögel tauchen zu nicht vorhersehbaren Zeiten an europäischen Küsten auf, meist in ihrem grau-weißen Winterkleid.

LEBT AUSSERHALB *der Brutzeit auf dem Meer. Wird bei Herbststürmen manchmal ins Inland verschlagen.*

STIMME *Hoch* prip *oder* whit.
BRUTBIOLOGIE *Kleine Grasmulde in der nordischen Tundra; 4 Eier, 1 Brut; Jun.–Jul.*
NAHRUNG *Wirbellose Tiere wie Krebse und Schnecken vom Schlamm oder der Wasseroberfläche, dreht sich dabei oft im Kreis.*
ÄHNLICHE ARTEN *Odinshühnchen, Sanderling (im Winter).*

Meerstrandläufer

Calidris maritima

Wenige Watvögel sind so eng an einen Lebensraum gebunden wie diese Art. Der Meerstrandläufer hält sich fast ausschließlich am äußersten Rand der Brandung auf und sucht seine Nahrung zwischen von Wellen überspülten, tangbedeckten Felsen. Vor dem dunklen Tang ist er schwer zu sehen.

LEBT IM *Winter an Felsenküsten, auch an Molen und Piers. Brütet im hohen Norden in Tundra und Gebirge.*

STIMME *Einfach, nicht laut* wiit *oder* wiit-wit.
BRUTBIOLOGIE *Kleine Bodenmulde, mit Blättern ausgelegt, in der weiten offenen Tundra; 4 Eier, 1 Brut; Mai–Jul.*
NAHRUNG *Im Sommer Insekten, Spinnen und andere Wirbellose; im Winter meist Uferschnecken und ähnliche Mollusken.*
ÄHNLICHE ARTEN *Alpenstrandläufer.*

Flussuferläufer 28

Actitis hypoleucos

Der langschwänzige Flussuferläufer ist an den weißen Ecken an seinen Flanken zu erkennen. Meist hält er den Kopf tief und wippt mit dem Schwanz auf und ab. Er sucht in kleinen Trupps, die bei Störung mit schnellen, flatternden Flügelschlägen davonfliegen, nach Nahrung.

BRÜTET AN *Flüssen und Seeufern mit Kies- oder Grasbänken. Durchzügler in allen Gewässertypen, auch Flussmündungen.*

STIMME *Laut* dididi *beim Abflug; im Sommer* tui-tui-tui, tschip, tidledi tidledi tidledi.
BRUTBIOLOGIE *Kleine Bodenmulde, mit Gras ausgelegt; 4 Eier, 1 Brut; Apr.–Jul.*
NAHRUNG *Sucht an der Wasserlinie eifrig nach Insekten, Würmern und Mollusken.*
ÄHNLICHE ARTEN *Alpenstrandläufer, Waldwasserläufer.*

Bruchwasserläufer

Tringa glareola

Größer, schlanker und eleganter als Fluss- und Walduferläufer, ist der Bruchwasserläufer an seinem weißen Bürzel, dem fein gebänderten Schwanz und dem hellen Überaugenstreif zu erkennen. Der Süßwasservogel läuft in bewachsenen Teichen und Tümpeln auch auf schwimmender Vegetation.

SUCHT IN *schlammigen Tümpeln, bewachsenen Rändern flacher Lagunen und Salzpfannen Nahrung, oft in Küstennähe.*

STIMME *Rasch und scharf* giff-giff-giff-giff.
BRUTBIOLOGIE *Bodenmulde, mit Laub ausgelegt, manchmal altes Nest in Baum; 4 Eier, 1 Brut; Mai–Jul.*
NAHRUNG *Insekten, wirbellose Wassertiere; läuft über schwimmende Vegetation.*
ÄHNLICHE ARTEN *Waldwasserläufer, Rotschenkel.*

Waldwasserläufer 29

Tringa ochropus

Der Waldwasserläufer ist größer und untersetzter als der Bruchwasserläufer. Die Vögel sind oft zu zweit oder zu dritt an schlammigen Ufern zu sehen und sind oberseits dunkel und unten weiß. Sie wippen mit dem Schwanz wie Flussuferläufer, jedoch nicht so unaufhörlich, und sind leicht aufzuschrecken.

SUCHT AN *schlammigen Ufern von Salzmarschen, Tümpeln und Flüssen Nahrung. Brütet in sumpfigen Wäldern.*

STIMME *Laut, melodisch, fast jodelnd* tlu-iit, wiit wiit.
BRUTBIOLOGIE *Altes Nest, etwa einer Drossel, in Baum; 4 Eier, 1 Brut; Mai–Jul.*
NAHRUNG *Pickt, oft bis zum Bauch im Wasser, nach Insekten, Krebstieren, Würmern.*
ÄHNLICHE ARTEN *Flussuferläufer, Bruchwasserläufer.*

Steinwälzer

Arenaria interpres

Die meisten Watvögel ziehen weichen Schlamm oder Sand vor, der untersetzte Steinwälzer aber bevorzugt Gegenden mit Steinen, angeschwemmtem Tang und anderem Schutt, den er auf der Suche nach kleinen Tieren durchforsten kann. Er ist laut und aktiv und kann erstaunlich zutraulich sein.

SUCHT AN *verschiedenen Küsten nach Nahrung, v. a. an steinigen Stränden und kiesigen Flutlinien.*

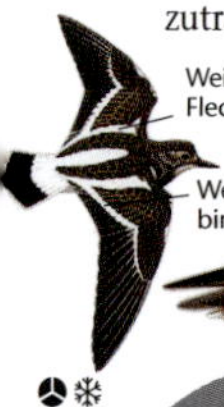

STIMME *Schnelle, harte Stakkatorufe,* tekatekatek, tjuk, tschik.
BRUTBIOLOGIE *Spärlich ausgekleidete Bodenmulde nahe am Strand auf Inseln und an Felsküsten; 4 Eier, 1 Brut; Mai–Jul.*
NAHRUNG *Sucht unter Tang, Muscheln und Steinen nach wirbellosen Kleintieren.*
ÄHNLICHE ARTEN *Meerstrand-, Flussuferläufer.*

Rotflügel-Brachschwalbe

LEBT AUF *ausgedehnten Gebieten mit trockenem Schlamm, feuchten Weiden, Marschen und Salzpfannen.*

Glareola pratincola

Dieser ungewöhnliche Watvogel ist auf die Jagd in der Luft spezialisiert und hat einen schwalbenähnlichen Körperbau. Er ist ein Mittelmeervogel und kommt nur gelegentlich weiter nördlich vor. In der Luft wirkt er elegant, auf dem Boden plustert er sich oft auf.

STIMME *Scharfes, weit tragendes* kit kitkit, *auch rhythmisch* kirri-tik-kit-ik.
BRUTBIOLOGIE *Brütet in lockeren Kolonien, in trockenem Schlamm auf dem Boden; 2–3 Eier, 1 Brut; Apr.–Jul.*
NAHRUNG *Fängt mit dem Schnabel Insekten im Flug.*
ÄHNLICHE ARTEN *Waldwasserläufer (im Flug).*

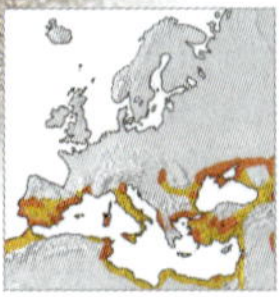

Zwergschnepfe

SUCHT IN *dichter Vegetation nach Nahrung, in nassem Gras, Rändern von Schilfbeständen und Salzmarschen.*

Lymnocryptes minimus

Die kleine Zwergschnepfe lebt versteckt in dichter Vegetation. Man sieht sie meist nur, wenn sie vor den Füßen auffliegt und sofort wieder in die Deckung verschwindet. Sie ist viel kleiner als die Bekassine und hat auf dem Rücken auffallendere helle Streifen.

TIPP

Wird eine Zwergschnepfe gestört, fliegt sie niedrig und geradeaus, die größere Bekassine im Zickzack-Flug aber hoch oben.

STIMME *Meist still; im Balzflug gedämpft und hohl* og-ogok og-ogok.
BRUTBIOLOGIE *Mulde in einem Gras- oder Seggenbüschel im Moor; 4 Eier, 1 Brut; Mai–Jul.*
NAHRUNG *Sucht hüpfend im Boden nach Insektenlarven, Würmern und Samen.*
ÄHNLICHE ARTEN *Bekassine, Alpenstrandläufer.*

Bekassine

33

Gallinago gallinago

Diese Schnepfe benötigt nassen, weichen Boden, wo sie ihren extrem langen Schnabel einstechen kann, um Würmer zu fangen. Sie lebt weniger versteckt als die Zwergschnepfe und fliegt mit scharfen Rufen von der Deckung auf. Die Männchen fliegen bei der Balz mit gespreizten Schwanzfedern.

LEBT IN *Hochmoorheiden und Süßwasser-Feuchtgebieten mit weichem Schlamm, bei Frost an der Küste.*

STIMME *Scharfes* ätch*; im Frühjahr rhythmisch* tü-kt-tü-ke *von Sitzwarte; im Balzflug wimmerndes Meckern, das von den abgespreizten Schwanzfedern erzeugt wird.*
BRUTBIOLOGIE *Mit Gras gepolsterte Mulde in Vegetation; 4 Eier, 1–2 Bruten; Apr.–Jul.*
NAHRUNG *Bohrt im Schlamm nach Würmern.*
ÄHNLICHE ARTEN *Zwerg-, Waldschnepfe.*

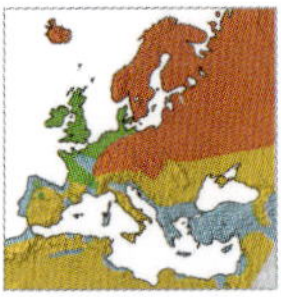

Knutt

Calidris canutus

Schwarz, hell- und kastanienbraun marmoriert, ist der Knutt im Frühling und Sommer einer der buntesten Watvögel. Im Winter ist er matt hellgrau, fällt jedoch dadurch auf, dass er in riesigen Schwärmen spektakuläre Flugmanöver zeigt.

RASTET IN *dichten Schwärmen im Wattenmeer, sucht an Stränden nach Nahrung. Brütet in der Tundra.*

STIMME *Ziemlich still; im Flug gedämpft* uätt*, gelegentlich ein heller Pfiff.*
BRUTBIOLOGIE *Bodenmulde in der Tundra, wassernah; 3–4 Eier, 1 Brut; Mai–Jul.*
NAHRUNG *Im Sommer Insekten, Pflanzenmaterial; im Winter Mollusken, Krebstiere.*
ÄHNLICHE ARTEN *Kiebitzregenpfeifer, Alpenstrandläufer.*

Teichwasserläufer

Tringa stagnatilis

Dieser zierliche Watvogel ähnelt dem Grünschenkel, ist aber kleiner, mit feinerem Schnabel und schlankeren Beinen, die im Flug weiter unter dem Schwanz hervorragen. In Westeuropa ist er selten, in manchen Gebieten Südeuropas taucht er regelmäßig auf.

BRÜTET IN *Waldmooren und auf feuchten Lichtungen. Sucht an kleinen Süßgewässern und Sümpfen nach Nahrung.*

STIMME *Schnell und scharf* kju *oder hoch* kjü kjü kjü *im Flug.*
BRUTBIOLOGIE *Wenig ausgekleidete Mulde in grasigem Moor; 4 Eier, 1 Brut; Mai–Jul.*
NAHRUNG *Kleine Krebstiere und Insekten von Schlamm oder Wasseroberfläche.*
ÄHNLICHE ARTEN *Bruchwasserläufer, Grünschenkel.*

Rotschenkel

30

Tringa totanus

Wegen seiner lauten Stimme und dem breiten weißen Band auf dem Oberflügel ist der Rotschenkel sehr auffällig. An vielen Küsten ist er häufig, im Binnenland, wo durch Entwässerung viele Feuchtwiesen zerstört wurden, hat er stark abgenommen.

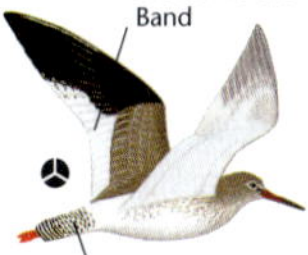

SUCHT IN *Salzmarschen, an Seeufern und Flussmündungen Nahrung. Brütet in Salzmarschen, nassen Weiden und Mooren.*

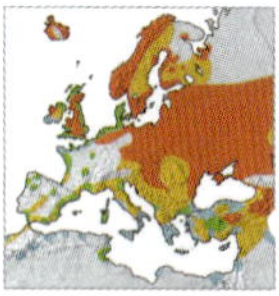

STIMME *Laute melodische Rufe, wie* tji-ji-ji, tji-ii *oder kurz, scharf* tjik tjik; *Gesang wie* tü-ju tü-ju tü-ju.
BRUTBIOLOGIE *Bodenmulde, oft mit Sichtschutz aus Gras; 4 Eier, 1 Brut; Apr.–Jul.*
NAHRUNG *Stochert im Schlamm, nimmt Insekten, Würmer, Krebstiere und Mollusken.*
ÄHNLICHE ARTEN *Knutt, Pfuhlschnepfe.*

Dunkler Wasserläufer

Tringa erythropus

Der Dunkle Wasserläufer fällt auf, weil er bei der Nahrungssuche besonders lebhaft ist. Kleine Trupps springen und rennen umher und tauchen in seichtem Wasser nach winzigen Fischen. Im Winter ist er selten zu sehen.

SUCHT IN *Salzmarschen und an Seeufern Nahrung. Brütet in der Tundra und in Mooren.*

STIMME *Der übliche Flugruf ist laut, scharf und deutlich* tjuit, *am Ende betont.*
BRUTBIOLOGIE *Einfache Mulde auf offenem Boden; 4 Eier, 1 Brut; Mai–Jul.*
NAHRUNG *Jagt oft im Wasser, stochert kaum, greift kleine Fische, Würmer und Mollusken.*
ÄHNLICHE ARTEN *Rotschenkel, Grünschenkel.*

Grünschenkel

31

Tringa nebularia

Der elegante Watvogel sucht aktiv und dynamisch nach Beute, rennt dabei oft durchs Wasser und verfolgt ausgelassen seine Beute. Er ist größer als der Rotschenkel, wirkt im Flug wuchtiger und hat keine weißen Flecken auf den Oberflügeln.

BRÜTET IN *Mooren nahe offenem Wasser, sucht an Seeufern und in Feuchtgebieten Nahrung. Im Winter meist in Salzmarschen.*

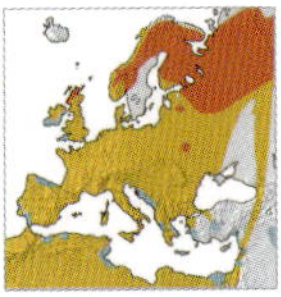

STIMME *Laut, auf gleicher Tonhöhe* tjü tjü tjü, *nicht so schrill wie Rotschenkel.*
BRUTBIOLOGIE *Bodenmulde in Gras oder Heide; 4 Eier, 1 Brut; Mai–Jul.*
NAHRUNG *In seichtem Wasser Würmer, Insekten, Krebstiere; fängt Fische.*
ÄHNLICHE ARTEN *Bruchwasserläufer, Rotschenkel, Dunkler Wasserläufer.*

Kampfläufer

Calidris pugnax

BRÜTET IN *feuchtem Grünland. Durchzügler und überwinternde Vögel leben an Seen, in Marschen und Lagunen.*

Im Frühling tragen die Männchen breite Federkragen und Federhauben in den unterschiedlichsten Farben und Mustern. Mit ihnen imponieren sie auf gemeinsamen Balzplätzen den Weibchen. Die Altvögel sind im Winter variabel gefärbt, der kleine Kopf ist typisch.

STIMME *Meist still; zuweilen tief grunzend* wek.
BRUTBIOLOGIE *Mit Gras ausgelegte Mulde, gut versteckt in dichter Vegetation; 4 Eier, 1 Brut; Apr.–Jul.*
NAHRUNG *Sucht in weichem Boden nach Würmern, Insekten und Larven; auch Samen.*
ÄHNLICHE ARTEN *Rotschenkel, Bruchwasserläufer.*

Waldschnepfe

Scolopax rusticola

BRÜTET IN *Wäldern mit weichem, feuchtem Boden, in der Nähe von Mooren und Feuchtstellen; im Winter in ähnlichen Lebensräumen.*

Dank ihrer hervorragenden Tarnung ist die Waldschnepfe am Boden sehr schwer zu entdecken. Im Frühjahr, beim sogenannten Schnepfenstrich, wenn die Männchen in der Dämmerung mit zitternden Flügeln und dumpfem Quorren und Pfeifen knapp über Baumhöhe fliegen, ist die Chance, sie zu beobachten, am größten.

STIMME *Bei der Balz scharfe Pfiffe, tiefes Grunzen, etwa* tsi-wip quorrr quorrr.
BRUTBIOLOGIE *Mulde im Falllaub oder unter Dickicht; 4 Eier, 1 Brut; März–Aug.*
NAHRUNG *Bohrt im weichen Waldboden, an Wasserlöchern und Flussufern nach Würmern, Käfern und Sämereien.*
ÄHNLICHE ARTEN *Bekassine.*

Pfuhlschnepfe

Limosa lapponica

Obwohl sie in der arktischen Tundra brütet, ist die Pfuhlschnepfe im Winter an europäischen Küsten weiter verbreitet als die größere Uferschnepfe. Trupps verteilen sich im Watt, um nach Nahrung zu suchen. Wenn sie bei Flut an den Ruheplätzen einfliegen, zeigen sie oft Flugmanöver.

ÜBERWINTERT AN *Flussmündungen und geschützten Sand- und Wattenküsten.*

STIMME *Im Flug rasch bellend* kirruk kirruk.
BRUTBIOLOGIE *Flache Bodenmulde an trockener Stelle in sumpfiger Tundra; 4 Eier, 1 Brut; Mai–Jul.*
NAHRUNG *Sticht im Schlamm oder Sand nach großen Würmern und Mollusken.*
ÄHNLICHE ARTEN *Uferschnepfe, Großer Brachvogel, Regenbrachvogel.*

Uferschnepfe

Limosa limosa

Die große, schön gefärbte Uferschnepfe kommt während des gesamten Jahres lokaler vor als die Pfuhlschnepfe. Von ihr unterscheidet sie sich durch den längeren, geraden Schnabel und die längeren Beine. Im Flug ist sie durch ihr Flügel- und Schwanzmuster unverkennbar.

WINTERSCHWÄRME *sammeln sich an Flussmündungen mit schlammigen Uferstreifen. Brütet in nassen Wiesen und überfluteten Weiden.*

STIMME *Häufig nasal* wiika-wiika-wiika, *im Flug kurz* vi-vi-vi.
BRUTBIOLOGIE *Flache Bodenmulde in dichter Vegetation; 3–4 Eier, 1 Brut; Mai–Jul.*
NAHRUNG *Würmer, Mollusken und Sämereien, auch in bauchtiefem Wasser.*
ÄHNLICHE ARTEN *Austernfischer, Pfuhlschnepfe.*

Stelzenläufer

Himantopus himantopus

Der elegante schwarz-weiße Stelzenläufer hat im Verhältnis zum Körper die längsten Beine aller weltweit vorkommenden Vögel. So kann er auf Nahrungssuche tief ins Wasser waten. Sein Verbreitungsschwerpunkt ist die Mittelmeerregion, wo er in der Nähe von Süß-, Salz- oder Brackwasser brütet.

RASTET AUF *dem Zug in Schwärmen. Brütet an Salzpfannen, Küstenlagunen und überfluteten Feldern.*

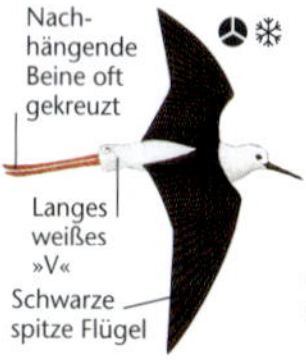

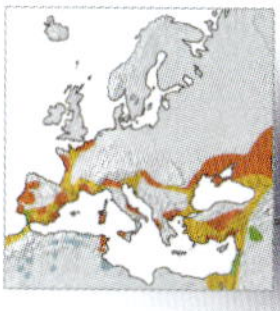

STIMME *Im Sommer ruffreudig, durchdringend* kùik kùik kùik *oder* kriiik kriiik.
BRUTBIOLOGIE *Mulde im Schlamm oder Sand, oft auf kleinen Inseln im Flachwasser; 3–4 Eier, 1 Brut; Apr.–Jun.*
NAHRUNG *Insekten von der Wasseroberfläche, feuchtem Schlamm oder Pflanzen.*
ÄHNLICHE ARTEN *Säbelschnäbler.*

Säbelschnäbler

Recurvirostra avosetta

Der Säbelschnäbler ist ein graziler Vogel mit stark aufgebogenem Schnabel. Naturschutzmaßnahmen haben dafür gesorgt, dass ihm wieder geeignete Lebensräume zur Verfügung stehen: Flaches, leicht salziges Wasser und feiner Schlamm mit trockenen Inseln zum Brüten.

ÜBERWINTERT IN *Schwärmen in schlammigen Flussmündungen. Brütet in seichten Küstenlagunen und schlammigen Flachseen.*

STIMME *Laut und flötend,* klüt *oder* kluup.
BRUTBIOLOGIE *Flache Mulde auf kleiner Insel oder trockenem Schlamm; 3–4 Eier, 1 Brut; Apr.–Aug.*
NAHRUNG *Schwenkt den gebogenen Schnabel seitlich durchs Wasser, um Garnelen und Meereswürmer zu greifen.*
ÄHNLICHE ARTEN *Stelzenläufer.*

Austernfischer 22

Haematopus ostralegus

RASTET IN *oft riesigen Schwärmen. Brütet an sandigen, schlammigen oder felsigen Küsten.*

Mit seinem schwarz-weißen Gefieder und dem kräftigen orangeroten Schnabel ist der Austernfischer einer der unverwechselbarsten und häufigsten europäischen Watvögel. Auch seine durchdringenden Rufe sind typisch. Der kräftige Schnabel ist daran angepasst, Muscheln aufzuhämmern.

STIMME *Laut, durchdringend* klip *oder* kliiip; *schriller Chor von großen Schwärmen.*
BRUTBIOLOGIE *Flache Mulde in Muschelschalen oder Sand; 2–3 Eier, 1 Brut; Apr.–Jul.*
NAHRUNG *Bohrt nach Mollusken, Würmern, Muscheln; im Binnenland Regenwürmer.*
ÄHNLICHE ARTEN *Säbelschnäbler, Uferschnepfe.*

Triel

Burhinus oedicnemus

BRÜTET IN *Heiden und Feldern mit steinigem Boden. Die meisten Populationen an der Küste sind ausgestorben.*

Dieser dämmerungsaktive Vogel ist tagsüber schwer zu sehen, wenn er stocksteif steht oder sitzt und sein Tarngefieder mit Steinen oder Sand im Hintergrund verschmilzt. Wenn man ihn sieht, erkennt man ihn sofort an seinen riesigen hellen Augen und den kräftigen gelben Beinen.

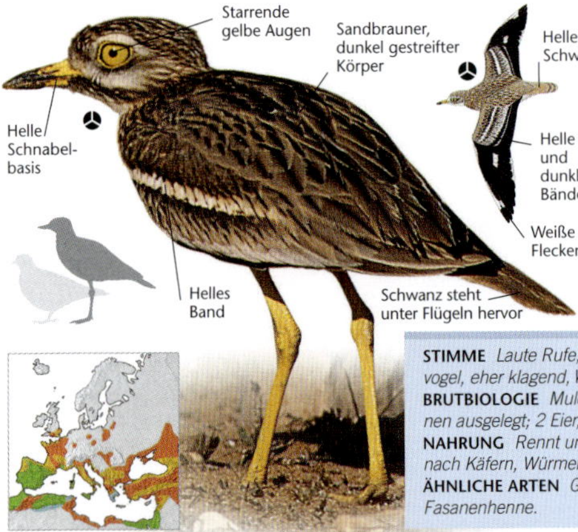

STIMME *Laute Rufe, ähnlich Großem Brachvogel, eher klagend,* kür-i, klip, *pfeifend* krrlii.
BRUTBIOLOGIE *Mulde am Boden, mit Steinen ausgelegt; 2 Eier, 1–2 Bruten; Apr.–Aug.*
NAHRUNG *Rennt und beugt sich vor, pickt nach Käfern, Würmern, Schlangen, Mäusen.*
ÄHNLICHE ARTEN *Großer Brachvogel, Fasanenhenne.*

Regenbrachvogel

Numenius phaeopus

Der kleinere Verwandte des Großen Brachvogels ist kompakter und dunkler, sein Kopf charakteristisch gestreift. Anders als der weit verbreitete Große Brachvogel brütet er im Norden und ist anderswo nur auf dem Durchzug.

BRÜTET IN *Mooren und in der Tundra. Durchzügler suchen im Watt, an steinigen und flachen Küsten nach Nahrung.*

TIPP

Regenbrachvögel sind kurzschnäbeliger als Große Brachvögel, ihre Flügelschläge sind schneller. Ihre pfeifenden Rufe erleichtern die Bestimmung.

STIMME *Folge von Pfeiflauten einer Tonhöhe* pipipipipipipi; *Gesang reich, lautes Trillern.*
BRUTBIOLOGIE *Flache Bodenmulde; 4 Eier, 1 Brut; Mai–Jul.*
NAHRUNG *Sticht und pickt nach Insekten, Schnecken, Regenwürmern und Krabben.*
ÄHNLICHE ARTEN *Großer Brachvogel, Pfuhlschnepfe.*

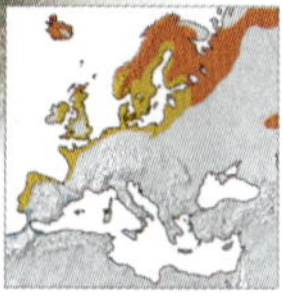

Großer Brachvogel 32

Numenius arquata

Der größte europäische Watvogel ist an allen Küsten und v. a. zur Brutzeit auch im Binnenland verbreitet. Mit seinem langen, gebogenen Schnabel und dem schönen Gesang kann er höchstens mit dem Regenbrachvogel verwechselt werden.

ÜBERWINTERT MEIST *an schlammigen Flussmündungen. Brütet in Sümpfen, Mooren, Feuchtwiesen, an nordischen Stränden.*

STIMME *Ruf laut* kuu-li; *Gesang beginnt langsam, beschleunigt zu rhythmischem Triller.*
BRUTBIOLOGIE *Flache Bodenmulde, mit Gras ausgelegt; 4 Eier, 1 Brut; Apr.–Jul.*
NAHRUNG *Sticht und pickt nach Würmern, Krabben, Mollusken, Seesternen, Insekten.*
ÄHNLICHE ARTEN *Regenbrachvogel, Pfuhlschnepfe.*

Zwergdommel

Ixobrychus minutus

Dieser sehr kleine Reiher verbirgt sich in dichter Feuchtvegetation und ist schwer zu sehen. Sieht man ihn während seiner kurzen, niedrigen Flüge mit raschen Flügelschlägen, fallen die hellen ovalen Flügelfelder ins Auge, das deutlichste Bestimmungsmerkmal bei Jung- und Altvögeln. Gelegentlich zeigt sich ein Vogel hoch auf einem Halm oder Ast über dem Wasser und man erkennt das hübsch gezeichnete Gefieder.

IM SOMMER *in Süd- und Mitteleuropa. Brütet in Schilfbeständen, Marschen, an Flussufern, auch in sehr kleinen Tümpeln und überfluteten Weidendickichten.*

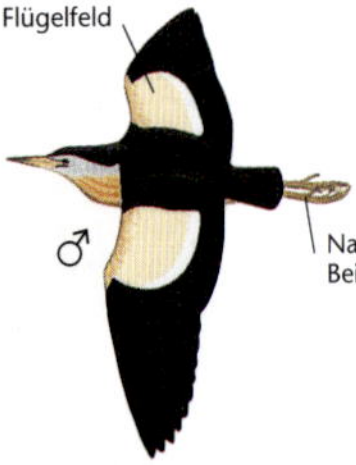

TIPP

Obwohl sie leichter zu beobachten ist als die größere Rohrdommel, ist die Zwergdommel meist unauffällig. Gerade wo sie häufig ist, verrät sie sich eher durch ihren kurzen, nasalen Ruf und den monotonen Gesang nach Einbruch der Dämmerung. Allerdings ist sie oft schwer aus der Geräuschkulisse anderer Wasservögel und der Frösche herauszuhören.

STIMME *Nasal* kek ek ek ek, *kürzer* köck *oder* keck; *der nächtliche Gesang besteht aus monotonen einzelnen Krächzlauten.*
BRUTBIOLOGIE *Kleines Nest aus Halmen im dichten Röhricht oder Busch; 2–7 Eier, 1 Brut; Mai–Jul.*
NAHRUNG *Fängt Fische, Frösche, Wasserinsekten, Süßwassergarnelen; wartet ruhig, um dann plötzlich nach vorne auf die Beute zu stoßen.*
ÄHNLICHE ARTEN *Rallenreiher, Nachtreiher.*

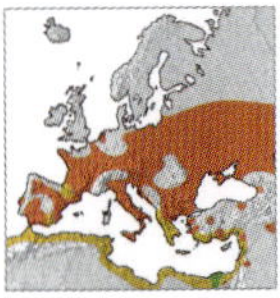

Nachtreiher

Nycticorax nycticorax

Obwohl sie auch tagsüber auf Nahrungssuche gehen, während sie ihre Jungen großziehen, sind Nachtreiher v. a. in der Dämmerung aktiv. An ihren Ruheplätzen sitzen sie meist bewegungslos auf Ästen und sehen aus der Entfernung aus wie helle Flecken.

SUCHT AM *Rand von Teichen, Seen, Flüssen, und in Schilfgürteln nach Nahrung. Ruht und brütet in Bäumen und Büschen.*

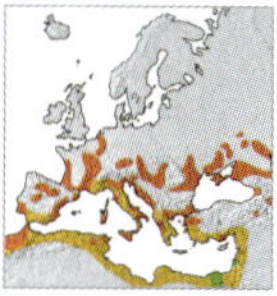

STIMME *Kurz, tief und krähenartig* kroak, *v. a. in der Dämmerung.*
BRUTBIOLOGIE *Nest aus Zweigen in Baum oder Busch; 3–5 Eier, 1 Brut; Apr.–Jul.*
NAHRUNG *Stößt plötzlich auf kleine Fische, Insekten und Amphibien, v. a. nachts.*
ÄHNLICHE ARTEN *Zwergdommel, Rohrdommel (ähnelt Jungvögeln, aber viel größer).*

Rohrdommel 4

Botaurus stellaris

Dieser sehr versteckte, große und massige Vogel ist häufiger zu hören als zu sehen. Wenn die Männchen ihr Revier mit ihren bemerkenswerten tiefen, hohl klingenden Rufen verteidigen, sind diese noch in 5 km Entfernung zu hören.

BRÜTET IN *großen, nassen Schilfbeständen. Im Winter weiter verbreitet, wenn sie gezwungen ist, auf kleinere Schilfflächen auszuweichen.*

STIMME *Tiefe, hohl klingende rhythmische Rufe, etwa üh-buuhmb, wie wenn man über einen Flaschenhals bläst; nasaler Flugruf.*
BRUTBIOLOGIE *Nest aus Rohrhalmen im dichten Schilf; 4–6 Eier, 1 Brut; Apr.–Mai.*
NAHRUNG *Fängt Fische, v. a. Aale.*
ÄHNLICHE ARTEN *Purpurreiher, Zwergdommel (Jungvögel).*

Rallenreiher

Ardeola ralloides

Dieser nicht allzu große Reiher ist am Boden leicht zu übersehen, wenn sein hellbraunes Gefieder mit dem Hintergrund verschmilzt. Erhebt er sich in die Luft, wirkt er völlig verwandelt, denn dann werden seine blendend weißen Flügel und der weiße Bürzel und Schwanz sichtbar.

BRÜTET IN *Süßwassersümpfen, Schilfgebieten und dicht bewachsenen Ufern. Sucht oft in überwucherten Gräben und Flüssen Beute.*

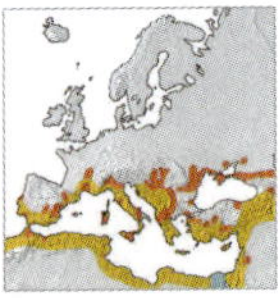

STIMME *Meist still; rauer, nasaler Krächzlaut als Alarmruf in der Dämmerung.*
BRUTBIOLOGIE *Nest aus Zweigen, Gras oder Schilf im Röhricht; 4–6 Eier, 1 Brut; Apr.–Jun.*
NAHRUNG *Steht auf Grasteppichen im Wasser oder im Schilf, jagt Fische, Frösche und Insekten.*
ÄHNLICHE ARTEN *Kuhreiher, Zwergdommel.*

Kuhreiher

Bubulcus ibis

Anders als die meisten Reiherarten, die vorwiegend Fische fressen, ist der Kuhreiher darauf spezialisiert, große Tiere zu begleiten und die von ihren Hufen aufgescheuchten Insekten zu fangen. In Afrika sind dies Büffel oder andere große Pflanzenfresser, in Südeuropa meist Kühe.

SUCHT NAHRUNG, *indem er Kühen auf der Weide folgt. Sucht in Abfallhaufen. Ruht und brütet in Dickichten in Wassernähe.*

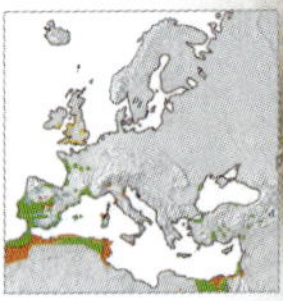

STIMME *Krächzende oder kreischende Laute an Ruheplätzen und Kolonien; sonst still.*
BRUTBIOLOGIE *Nest aus Zweigen und Halmen in Baum; 4–5 Eier, 1 Brut; Apr.–Jun.*
NAHRUNG *Fängt von Weidevieh aufgeschreckte Insekten; frisst auch kleine Reptilien, Frösche und Mäuse.*
ÄHNLICHE ARTEN *Rallenreiher, Zwergdommel.*

SUCHT OFT *in kleinen Trupps am oder im Wasser nach Beute, von schilfigen Seen über Felsküsten zu schlammigen oder sandigen Stränden.*

Seidenreiher

Egretta garzetta

Dieser leuchtend weiße Vogel ist unter den weißen Reihern Europas der am weitesten verbreitete. Er kommt sowohl in Süßwassergebieten als auch an Küsten vor und breitet sich in Westeuropa nordwärts aus. Er ist deutlich kleiner als der Silberreiher. Meist sucht er lebhaft nach Beute, oft steht er aber auch still.

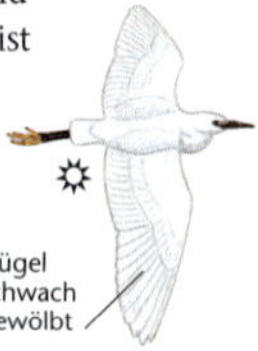

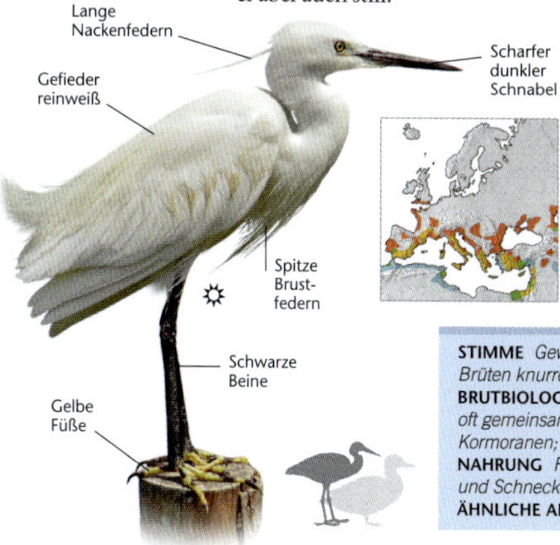

STIMME *Gewöhnlich schweigsam; beim Brüten knurrende und krächzende Laute.*
BRUTBIOLOGIE *Zweignest in Baum, oft gemeinsam mit anderen Reihern und Kormoranen; 3–4 Eier, 1 Brut; Apr.–Jul.*
NAHRUNG *Fängt kleine Fische, Frösche und Schnecken.*
ÄHNLICHE ARTEN *Silberreiher, Kuhreiher.*

SITZT IN *Bäumen, um Feuchtgebiete zu überblicken. Brütet im Schilf, in Bäumen. Sucht in trockenen und nassen Flächen Beute.*

Silberreiher

Egretta alba

Dieser Reiher ist so groß wie ein Graureiher oder sogar etwas größer. Mit dem strahlend weißen Gefieder sieht man den eleganten Vogel auch von Weitem deutlich. Im Frühling spreizt er in den Brutkolonien seine langen Schmuckfedern am Rücken zu einer beeindruckenden Balzpose.

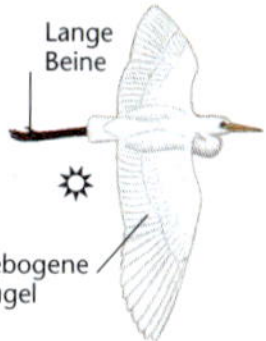

STIMME *Gewöhnlich schweigsam, in den Brutkolonien krächzende Rufe.*
BRUTBIOLOGIE *Plattform aus Zweigen und Halmen, mit feinerem Material ausgekleidet; brütet in Kolonien; 2–5 Eier, 1 Brut; Apr.–Jul.*
NAHRUNG *Fängt Fische, Frösche und kleine Säugetiere auf reihertypische Weise.*
ÄHNLICHE ARTEN *Seidenreiher.*

Löffler

Platalea leucorodia

Dieser große Wasservogel ist unverkennbar, wenn sein löffelförmiger Schnabel sichtbar ist. Obwohl er dem Silberreiher ähnelt, erkennt man ihn daran, dass er durchs seichte Wasser schreitet und seinen Schnabel von einer Seite zur anderen schwenkt. Im Flug ist sein Hals gestreckt.

SUCHT IN *Salzpfannen, Marschen und anderen Flachgewässern Beute. Brütet an schilfigen Seen mit Büschen.*

STIMME *Normalerweise still.*
BRUTBIOLOGIE *Plattform aus Zweigen; Kolonien in Bäumen; 3–4 Eier, 1 Brut; Apr.–Jul.*
NAHRUNG *Schwenkt leicht geöffneten Schnabel seitlich durchs Wasser, fängt kleine Fische, Mollusken und Krebstiere.*
ÄHNLICHE ARTEN *Höckerschwan (im Flug ähnlich), Seidenreiher.*

Schwarzstorch

Ciconia nigra

Der Schwarzstorch ist viel scheuer und seltener als der Weißstorch und an naturnahe Lebensräume mit ausgedehnten Wäldern, Feuchtgebieten und Schluchten gebunden. Manchmal tauchen einzelne Vögel außerhalb ihres normalen Verbreitungsgebietes auf.

BRÜTET AN *abgelegenen Stellen in Wäldern, Feucht- und Felsgebieten, nie in Städten und Dörfern.*

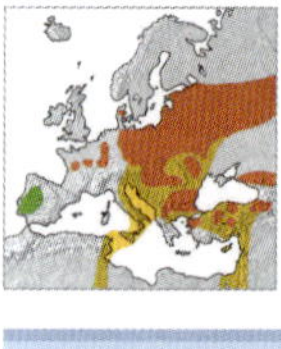

STIMME *Gewöhnlich still, nur am Nest zischende Laute und Schnabelklappern.*
BRUTBIOLOGIE *Mächtige Plattform aus Ästen auf einem Felsband oder hoch oben in Baum; 2–4 Eier, 1 Brut; Mai–Jul.*
NAHRUNG *Jagt Amphibien und Insekten.*
ÄHNLICHE ARTEN *Weißstorch, Kormoran (Jungvögel im Flug).*

Weißstorch

BRÜTET OFT *auf Dächern, die riesigen Nestburgen sind weithin sichtbar. Sucht auf offenen Flächen nahe Feuchtgebieten Beute.*

Ciconia ciconia

Obwohl er weit verbreitet ist, nimmt der Weißstorch in vielen Gebieten wegen intensiver Landwirtschaft und der Trockenlegung oder Verschmutzung von Feuchtgebieten ab. Weißstörche bieten einen spektakulären Anblick, wenn sie sich auf dem Zug nach Afrika in großen Schwärmen sammeln.

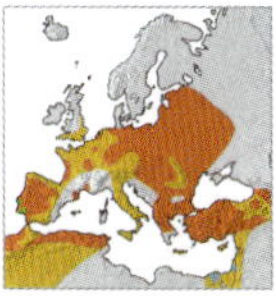

STIMME *Schweigsam, abgesehen von lautem Schnabelklappern am Nest.*
BRUTBIOLOGIE *Mächtige Nestburg aus Ästen auf Turm, Hausdach, Mast oder in Baum; 2–4 Eier, 1 Brut; Apr.–Jun.*
NAHRUNG *Fängt Wasserinsekten, kleine Nagetiere, Fische und Amphibien.*
ÄHNLICHE ARTEN *Graureiher, Rosapelikan.*

Purpurreiher

SUCHT IN *Schilfbeständen, Seggensümpfen und Feuchtwiesen Beute. Durchzügler nördlich des Brutgebietes in Feuchtgebieten mit Deckung.*

Ardea purpurea

Schlanker und dunkler als der Graureiher und mit stärker geknicktem Hals, lebt der Purpurreiher viel versteckter und ist oft lange im Schilf verborgen. Wenn er sich in die Luft erhebt, sind seine Flügel stärker gewölbt und an der Basis schmäler.

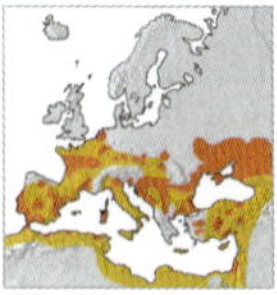

STIMME *Kurz und rau chräk.*
BRUTBIOLOGIE *Großer Haufen aus Pflanzenmaterial, meist im Schilf, manchmal in Baum; 4–5 Eier, 1 Brut; Feb.–Jun.*
NAHRUNG *Fängt mit seinem langen, speerförmigen Schnabel kleine Fische, Frösche und andere Wirbellose.*
ÄHNLICHE ARTEN *Graureiher, Rohrdommel.*

Graureiher 5

Ardea cinerea

Wenn er wie eine Statue am Ufer steht oder langsam durchs flache Wasser watet, bevor er seinen Hals blitzschnell vorstreckt, um einen Fisch zu fangen, ist der Graureiher leicht zu erkennen. Manchmal zieht er die Schultern hoch und wirkt gedrungen.

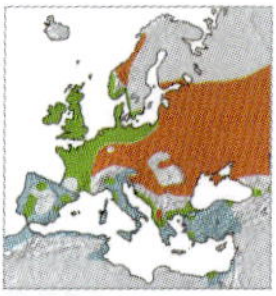

SUCHT IN *Süß- oder Salzwassergebieten Beute, in Flussmündungen, Seen und Flüssen, oft sogar in Gartenteichen.*

STIMME *Kurz und rau chräik; am Nest keckernd, krächzend, Schnabelklappern.*
BRUTBIOLOGIE *Nest aus Ästen, Kolonien in Baumkronen; 4–5 Eier, 1 Brut; Jan.–Mai.*
NAHRUNG *Fängt Fische, Frösche, kleine Säugetiere und andere Beute, typischerweise nach bewegungslosem Verharren.*
ÄHNLICHE ARTEN *Purpurreiher.*

Rosaflamingo

Phoenicopterus roseus

Die einzige Flamingoart, die in Europa vorkommt, sieht sehr exotisch aus. Man erkennt die Vögel gleich an ihrem ungewöhnlich geformten Schnabel, dem extrem langen Hals und Beinen und dem pastellfarbenen Gefieder. Flamingos leben meist in großen Schwärmen.

BRÜTET AN *wenigen großen Salzseen im Mittelmeergebiet; sonst an Salzpfannen und abgelegenen Süßwasserseen weiter verbreitet.*

STIMME *Lauter, tiefer Trompetenruf; Gackern.*
BRUTBIOLOGIE *Schlammhügel im seichten Wasser; 1 Ei, 1 Brut, Apr.–Mai.*
NAHRUNG *Zieht den Schnabel mit der Oberseite nach unten durchs Wasser, fängt Krebstierchen; watet und schwimmt wie ein Schwan.*
ÄHNLICHE ARTEN *Andere Flamingoarten; einzelne Tiere sind aus Volieren entkommen.*

Wasservögel

Die Gruppe der Wasservögel besteht v. a. aus der Familie der Entenvögel, zu denen die Enten, Gänse und Schwäne gehören. Auch andere Vögel, die im und am Wasser leben, werden hier vorgestellt: Tauchvögel wie See- und Lappentaucher und zwei Rallen, das Bläss- und das Teichhuhn. Die meisten kommen in und an Süßgewässern vor und besitzen ein wasserdichtes Gefieder, spezialisierte Schnäbel und oft Schwimmhäute zwischen den Zehen. Alle sind gute Schwimmer, obwohl viele die meiste Zeit an Land verbringen. Enten kann man in Schwimm- und Tauchenten unterteilen. Gänse sind größer mit längerem Hals und suchen an trockenem Land oder in Feuchtgebieten nach Nahrung, Schwäne sowohl an Land als auch im Wasser.

BLÄSSHUHN

HÖCKERSCHWAN

GRAUGANS

STOCKENTE

Teichhuhn 20

Gallinula chloropus

Das Teichhuhn ist weit verbreitet und besiedelt fast alle Gewässer. Vom ähnlichen Blässhuhn kann man es an seinem rot-gelben Schnabel und den grünen Beinen leicht unterscheiden. Es wirkt unsicher, rennt oder schwimmt bei der geringsten Störung ins Dickicht.

BRÜTET AN *Teichen mit dicht bewachsenen Ufern. Sucht bei Teichen, Seen, Flüssen und in Grasland Nahrung.*

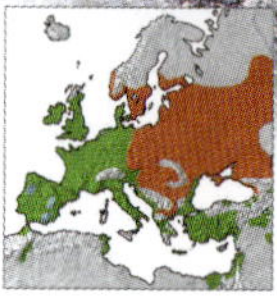

STIMME *Laut, kehlig oder metallisch kürrük, kittik, hoch kik; stotternd ki-kikikikiki-ik.*
BRUTBIOLOGIE *Schale aus Blättern und Stängeln in der Vegetation; 5–11 Eier, 2–3 Bruten; Apr.–Aug.*
NAHRUNG *Samen, Früchte, Triebe, Schnecken und Insekten von feuchtem Boden.*
ÄHNLICHE ARTEN *Wasserralle, Blässhuhn.*

Blässhuhn 21

Fulica atra

Das Blässhuhn ist größer und gedrungener als das Teichhuhn und hat Schwimmlappen an den Zehen wie die Lappentaucher. Es sucht in größeren Trupps nach Nahrung und taucht dabei oft.

BRÜTET AN *Seen und Gräben mit Uferbewuchs und überhängenden Zweigen. Überwintert auf größeren, offeneren Seen.*

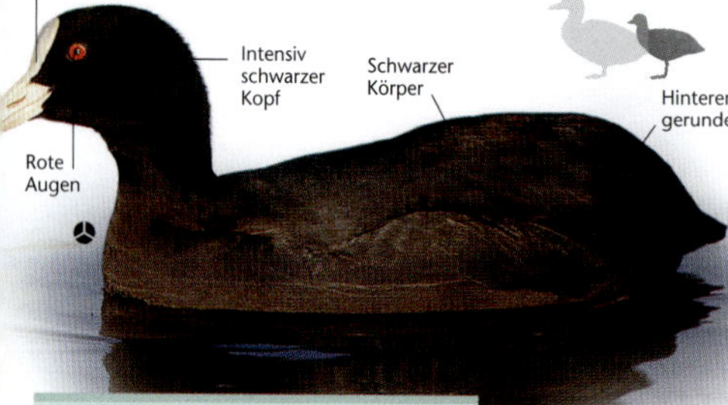

STIMME *Laut, explosiv* kówk, *quiekend* tjikk, pik; *Jungvögel äußern pfeifende Laute.*
BRUTBIOLOGIE *Napf aus Pflanzenmaterial unter überhängenden Ästen, im Schilf; 6–9 Eier, 1–2 Bruten; Apr.–Aug.*
NAHRUNG *Gras, Wasserpflanzen, Samen, Kaulquappen, andere kleine Wassertiere.*
ÄHNLICHE ARTEN *Teichhuhn, Lappentaucher.*

Zwergtaucher 2

Tachybaptus ruficollis

Der kleinste europäische Lappentaucher ist dunkel, kurzschnäbelig, fast schwanzlos und kugelrund. Er schwimmt wie eine Boje und taucht oft. Im Winter wirkt er langhälsiger und schlanker und ähnelt dem Schwarzhalstaucher.

BRÜTET AN *Süßwasserseen, Teichen, Kanälen und Flüssen. Im Winter an größeren Gewässern und geschützten Küsten.*

STIMME *Hoher, lauter Triller, der langsam verklingt.*
BRUTBIOLOGIE *Floß aus Wasserpflanzen, an Ast verankert; 4–6 Eier, 1 Brut; Apr.–Jun.*
NAHRUNG *Taucht, um kleine Fische, Insekten und Mollusken zu fangen.*
ÄHNLICHE ARTEN *Schwarzhalstaucher, Teichhuhn.*

Schwarzhalstaucher

Podiceps nigricollis

Der Schwarzhalstaucher ist weit verbreitet, brütet aber nur sehr lokal, da er an nährstoffreiche Seen gebunden ist. Im Winter kommt er eher an Süßgewässern vor als der Ohrentaucher. Er hat einen leicht aufgebogenen Schnabel und eine hohe Stirn.

BRÜTET ZWISCHEN *dichter Vegetation an Seen und Teichen. Überwintert in Küstenbuchten und Süßgewässern.*

STIMME *Wispernde und hohe Pfeiflaute; im Winter schweigsam.*
BRUTBIOLOGIE *Befestigtes Schwimmnest aus Wasserpflanzen; 3–4 Eier, 1 Brut; März–Jul.*
NAHRUNG *Fängt in langen Tauchgängen Insekten, Mollusken und kleine Fische.*
ÄHNLICHE ARTEN *Ohrentaucher, Zwergtaucher.*

Ohrentaucher

Podiceps auritus

Als Brutvogel abgelegener Seen im Norden ist der Ohrentaucher leicht zu erkennen. Im Winter ist er von anderen kleinen Lappentauchern, v. a. dem Schwarzhalstaucher, schwieriger zu unterscheiden. Er kommt jedoch eher an Küsten vor und hat eine andere Kopfform.

BRÜTET AN *abgelegenen kalten Gewässern mit Ufervegetation. Überwintert v. a. in schlammigen Flussmündungen, seltener in Binnengewässern.*

STIMME *Zur Brutzeit hohe, pfeifende Triller; im Winter meist still.*
BRUTBIOLOGIE *An Vegetation verankerter Pflanzenhaufen; 4–5 Eier, 1 Brut; Apr.–Jul.*
NAHRUNG *Taucht nach kleinen Fischen; im Sommer v. a. Insekten, Krebstiere.*
ÄHNLICHE ARTEN *Schwarzhalstaucher, Rothalstaucher.*

Rothalstaucher

Podiceps grisegena

In Nordosteuropa ist der Rothalstaucher in großen Süßgewässern ein verbreiteter Brutvogel, den Winter verbringt er in Westeuropa. Er ist nirgendwo häufig und wesentlich seltener als der schlankere, hellere Haubentaucher.

BRÜTET AN *schilfigen Seen und langsam fließenden Flüssen. Überwintert an geschützten Flussmündungen und Küstenbuchten.*

STIMME *Am Brutplatz wiehernde Laute; im Winter schweigsam.*
BRUTBIOLOGIE *Befestigter, schwimmender Pflanzenhaufen; 3–4 Eier, 1 Brut; Apr.–Jun.*
NAHRUNG *Taucht nach Fischen; im Sommer auch Insekten und Krebstiere.*
ÄHNLICHE ARTEN *Haubentaucher, Ohrentaucher.*

Haubentaucher

Podiceps cristatus

BALZT UND *brütet an großen Seen, Stauseen und Flüssen. Im Winter an Süßgewässern oder geschützten Küsten.*

Der größte der europäischen Taucher hat im Sommer eine auffällige Federhaube. Paare präsentieren sich bei der Balz gegenseitig und schütteln dabei den Kopf. Außerdem tauchen sie, bringen Pflanzenmaterial herauf und bieten es einander an. Im Winter ähneln die Vögel dem selteneren Rothalstaucher.

STIMME *Im Sommer krächzende und bellende Rufe; Junge pfeifen durchdringend.*
BRUTBIOLOGIE *Schwimmender Pflanzenhaufen, in Vegetation verankert; 3–4 Eier, 1 Brut; Feb.–Jun.*
NAHRUNG *Taucht nach Fischen, Wasserinsekten und kleinen Amphibien.*
ÄHNLICHE ARTEN *Rothalstaucher.*

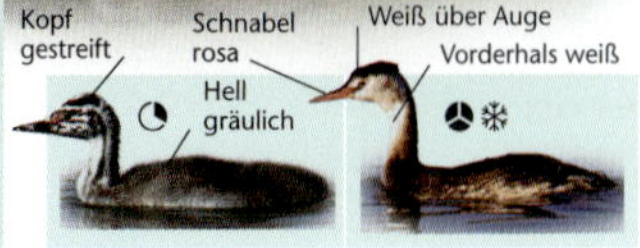

Sterntaucher

Gavia stellata

BRÜTET AN *abgelegenen Moor- und Tundraseen, sucht aber in einigen Gebieten im Meer Beute. Überwintert an Küsten und Flussmündungen.*

Der Sterntaucher hat einen lang gestreckten Körper und ist ein hervorragender Schwimmer, der tief im Wasser liegt und außer am Nest selten an Land ist. Er ist der kleinste der Seetaucher und an seinem aufgeworfenen Schnabel zu erkennen. Mit gestrecktem Hals und Beinen fliegt er hoch und ruft dabei oft laut.

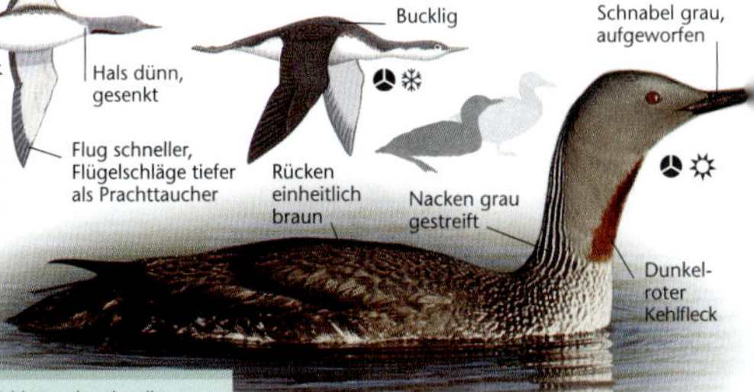

STIMME *Im Flug laut klagend, schnelle dunkle Stakkato-Rufe im Sommer.*
BRUTBIOLOGIE *Mulde am Strand dicht am Wasser; 2 Eier, 1 Brut; Apr.–Jul.*
NAHRUNG *Taucht nach Fischen und anderen Wassertieren, ist lange unter Wasser.*
ÄHNLICHE ARTEN *Prachttaucher, Trottellumme (im Winter).*

Prachttaucher

1

Gavia arctica

In seinem herrlich gemusterten Prachtkleid ist dieser Seetaucher leicht zu erkennen. Im Winter ist er jedoch wesentlich matter und schwieriger vom Stern- und Eistaucher zu unterscheiden. Hilfreich sind dabei der weiße Fleck an der Flanke, der waagrecht gehaltene Schnabel und der dicke Kopf.

BRÜTET MEIST *auf Inseln in großen, abgelegenen Seen. Überwintert an Küsten und Flussmündungen.*

STIMME *Wilde, laut klagende Rufe im Sommer; im Winter schweigsam.*
BRUTBIOLOGIE *Flache Mulde am Wasser; 2 Eier, 1 Brut; Apr.–Jul.*
NAHRUNG *Fängt Fische in tiefen Flüssen.*
ÄHNLICHE ARTEN *Sterntaucher, Eistaucher.*

Eistaucher

Gavia immer

Der größte Seetaucher hat im Prachtkleid oberseits ein auffälliges Schachbrettmuster und einen schwarzen Kopf. Im Winter ist er an seiner Größe, dem breiten Körper mit dickem Hals, dem kräftigen Schnabel und der hohen Stirn zu erkennen. Nacken und Halsband sind schwarz.

ÜBERWINTERT AN *der Küste, in Flussmündungen und Buchten, meist weiter vom Ufer entfernt als die anderen Seetaucher.*

STIMME *Wolfsähnliches Heulen und tremolierende lachende Rufe im Sommer.*
BRUTBIOLOGIE *Flache Mulde nahe am Wasser; 2 Eier, 1 Brut; Apr.–Jun.*
NAHRUNG *Taucht nach größeren Fischen, Krabben und anderen Wassertieren.*
ÄHNLICHE ARTEN *Prachttaucher, Kormoran (Immatur).*

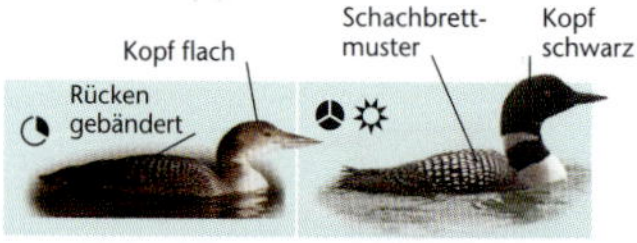

Krickente

Anas crecca

BRÜTET IN *Feuchtland und sumpfigen Heiden und Mooren. Überwintert meist an Süßgewässern und Flussmündungen.*

Die Krickente ist die kleinste Gründelente. Außerhalb der Brutsaison sieht man sie meist in Trupps. Im Flug steigen diese fast senkrecht auf, wenden mit unglaublicher Geschicklichkeit und koordinieren ihre Aktionen, ähnlich wie Schwärme kleiner Watvögel.

STIMME *Männchen rufen laut und klingelnd krick krick; Weibchen quaken hoch.*
BRUTBIOLOGIE *Mulde, mit Dunen ausgekleidet, wassernah; 8–11 Eier, 1 Brut; Apr.–Jun.*
NAHRUNG *Gründelt nach Pflanzen, Sämereien, kleinen Schnecken, Insektenlarven.*
ÄHNLICHE ARTEN *Knäkente, Löffelenten-Weibchen.*

Knäkente

Spatula querquedula

BRÜTET IN *nassem Grasland mit guter Deckung. Durchzügler im Herbst in kleiner Zahl an Seen.*

Die seltene Knäkente ist nicht viel größer als die Krickente. In Europa ist sie als einzige Ente nur Sommergast, sie überwintert in Afrika. Männchen im Prachtkleid sind an ihrem weißen Überaugenstreif leicht von Krickenten zu unterscheiden, bei Weibchen ist dies schwieriger.

STIMME *Männchen trocken knarrend klerrp; Weibchen selten hohes, lautes Quäken.*
BRUTBIOLOGIE *Mulde in Vegetation, in Wassernähe; 8–11 Eier, 1 Brut; Mai–Jun.*
NAHRUNG *Insekten, Larven, andere Wirbellose, Wurzeln, Samen; schnattert, gründelt.*
ÄHNLICHE ARTEN *Krickente, Löffelenten-Weibchen.*

Pfeifente

14

Mareca penelope

In ihren Brutgebieten im Norden nisten sie zwar oft weitab vom Meer, im Winter sind sie jedoch typischerweise an Flussmündungen und in Salzmarschen zu finden, wo sie wie kleine Gänse kurzes Gras weiden. Die oft großen, farbenfrohen Schwärme bewegen sich als dichte Menge vorwärts, alle Köpfe weisen meist in eine Richtung. Pfeifenten sind aus gutem Grund wachsam, denn sie werden oft gejagt. Sie fliegen schnell auf und die Männchen lassen ihre klangvollen, lauten Rufe hören. Am Boden untersetzt und kurzbeinig, sind Pfeifenten elegante und wendige Flieger.

BRÜTET IN *Nordeuropa an Ufern von Moor- und Waldseen. Im Winter an Flussmündungen, in Feuchtgebieten und um Stauseen.*

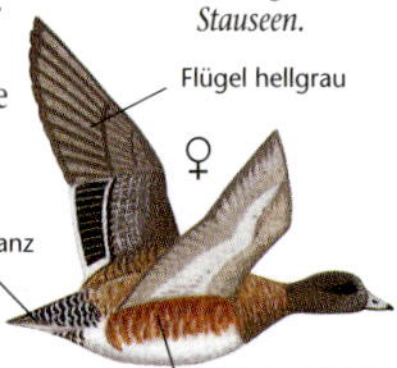

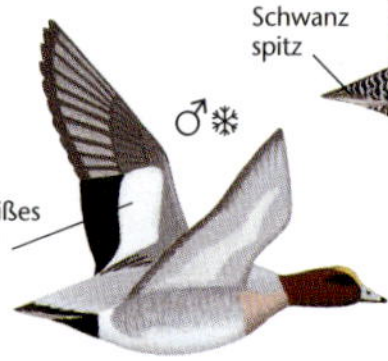

TIPP

Im Flug haben Pfeifenten spitze Flügel, einen spitzen Schwanz, einen runden Kopf und einen kurzen Hals. Männchen haben weiße Flügelfelder.

STIMME *Männchen pfeifen laut und explosiv, aber recht klangvoll* whi-o; *Weibchen rufen tief und rau.*
BRUTBIOLOGIE *Bodenmulde, mit Dunen ausgelegt, in hoher Vegetation in Wassernähe; 8–9 Eier, 1 Brut; Apr.–Jul.*
NAHRUNG *Weidet auf kurzrasigen Flächen, oft in dichten Scharen; schnattert und gründelt in Seichtwasser nach Samen, Trieben und Wurzeln.*
ÄHNLICHE ARTEN *Krickenten-Männchen, Stockenten-Weibchen, Schnatterenten-Weibchen.*

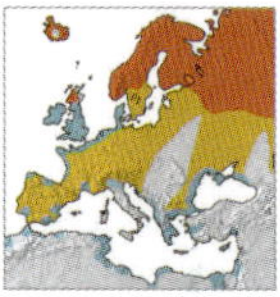

Löffelente

Spatula clypeata

BRÜTET AN *schilfigen Teichen, v. a. im Tiefland. Überwintert auf Seen, auch Stauseen, in Feuchtgebieten und Küsten mit Salzmarschen.*

Männliche Löffelenten im Prachtkleid sehen auf den ersten Blick aus wie Stockenten-Männchen, die Farben sind nur anders angeordnet. Sie sind aber an ihrem tief im Wasser liegenden Körper, der leuchtend weißen Brust, die mit dem dunkelgrünen Kopf kontrastiert, und natürlich an ihrem breiten, löffelartigen Schnabel zu erkennen. An Letzterem erkennt man auch die Weibchen und kann sie von anderen Entenweibchen unterscheiden. Im Flug wirken beide Geschlechter kurzschwänzig und haben helle Vorderflügel.

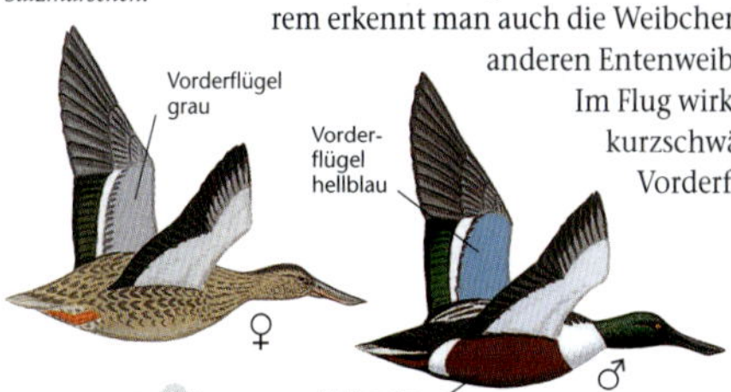

TIPP

Löffelenten suchen oft in Trupps, die dicht an dicht in Kreisen schwimmen, Nahrung. Die Schnäbel werden durchs Wasser geschwenkt, um Futterpartikel abzuseihen, die der Vogel vorne mit den Füßen vom Sediment aufwirbelt. Beim Gründeln werden die orangefarbenen Beine und die spitzen Flügel sichtbar.

STIMME *Oft schweigsam; Männchen geben manchmal tiefes* tuk tuk *von sich; Weibchen quaken tief und gedämpft.*
BRUTBIOLOGIE *Bodenmulde in Vegetation nahe am Wasser, mit Dunen, Gras oder Blättern ausgelegt; 8–12 Eier, 1 Brut; März–Jun.*
NAHRUNG *Schnattert nach Sämereien und Wassertieren, der Schnabel wird dabei nach vorne gestoßen, die Schultern tauchen oft ein.*
ÄHNLICHE ARTEN *Stockente; Weibchen ähnelt dem Knäkenten-Weibchen.*

Spießente

Anas acuta

SUCHT IM *Winter an Flussmündungen und Feuchtgebieten nach Nahrung. Brütet in der Tundra und an Teichen im Hochland oder in Küstenmarschen.*

Die eleganteste Gründelente ist groß, schlank und hat einen langen Hals. Im Winter ist sie nicht häufig. Vögel der Brutpopulationen in Ost- und Nordeuropa wandern in mildere Gegenden im Westen und Süden ab, meist zu wenigen in großen Gruppen häufiger Entenarten. Trotzdem sammeln sich an einigen traditionellen Überwinterungsplätzen in Flussmündungen und Feuchtgebieten große Schwärme. Das auffallende Prachtkleid der Männchen ist unverkennbar, die Weibchen sind schwerer von anderen Arten zu unterscheiden.

Der spitze Schwanz und der lange Hals sind gute Merkmale.

TIPP

Die langen Schwanzspießen der Männchen sind oft angehoben, manchmal aber auch abgesenkt, wenn die Vögel nervös sind. Im Herbst fehlen sie während der Mauser einige Wochen.

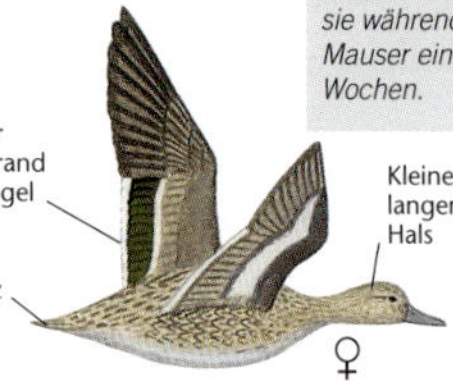

TIPP

Im Flug können Spießenten-Weibchen am weißen Hinterrand der Flügel, der von Weitem sichtbar ist, von anderen Arten unterschieden werden.

STIMME *Männchen pfeifen gedämpft und kurz; Weibchen quaken wie Stockenten, nur leiser.*
BRUTBIOLOGIE *Mulde in Vegetation, mit Blättern und Dunen ausgelegt; 7–9 Eier, 1 Brut; Apr.–Jun.*
NAHRUNG *Schnattert oder gründelt nach Samen, Pflanzen, winzigen Schnecken und anderen Tieren; weidet auch auf Grasflächen, Marschen und Getreidefeldern.*
ÄHNLICHE ARTEN *Stockente, Schnatterente (♀), Eisente (♂).*

Schnatterente

Mareca strepera

BRÜTET AN *Seen und Flüssen mit Schilf oder bewaldeten Inseln. Überwintert auf offenem Wasser, wie großen Seen und Stauseen, seltener in Salzmarschen und Flussmündungen.*

Von Nahem betrachtet elegant und fein gemustert, wirkt die Schnatterente aus der Entfernung eher gedeckt. Sie hat einen kleineren, eckigeren Kopf als die ähnliche Stockente, der ihr einen anderen Charakter verleiht. Das Männchen ist dunkler als Stock- und Pfeifente. Schnatterenten suchen in seichtem Wasser an der Oberfläche nach Nahrung und im Herbst und Winter sammeln sie sich oft an Staubecken und Baggerseen. Sie vergesellschaften sich mit Blässhühnern, um an Nahrung zu gelangen, die diese beim Tauchen vom Grund heraufholen.

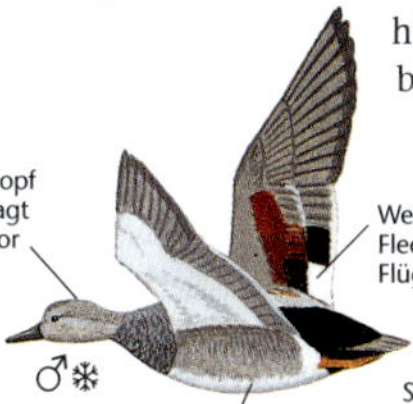

TIPP

Männchen und Weibchen haben ein kleinen weißen Fleck an der Basis des Hinterflügels, der im Flug gut sichtbar und häufig auch beim Schwimmen zu erkennen ist.

STIMME *Männchen hoch und nasal* piih, *kehlig* ahrk; *Weibchen quaken laut.*
BRUTBIOLOGIE *Mit Dunen gepolstertes Nest auf dem Boden, in Wassernähe; 8–12 Eier, 1 Brut; Apr.–Jun.*
NAHRUNG *Sucht meist im Seichtwasser Nahrung, schnattert und gründelt nach Sämereien, Wurzeln und Trieben von Wasserpflanzen; auch Insekten und andere kleine Wassertiere.*
ÄHNLICHE ARTEN *Stockente, Pfeifenten-Weibchen.*

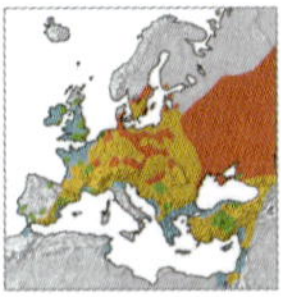

Stockente

13

Anas platyrhynchos

Die Stockente ist die bekannteste Entenart. Sie ist häufig, weit verbreitet und anpassungsfähig und kommt mit unterschiedlichsten Lebensräumen zurecht, von Stadtparks bis zu Küstenmarschen. Das Männchen erkennt man sofort am glänzend grünen Kopf und dem weißen Halsring und beide Geschlechter haben während des ganzen Jahres einen typischen blauen Spiegel auf dem Flügel. Die meisten Hausenten stammen von der Stockente ab und durch Kreuzungen existieren unterschiedlichste Gefiedermuster.

BRÜTET IN *fast allen Gewässern, von Stadtteichen bis zu abgelegenen Moorseen. Sucht auf Agrarland und an schlammigen Ufern Nahrung.*

TIPP

Das Gefieder variiert stark, je nach Kreuzung. Die meisten Vögel behalten jedoch den blauen Spiegel und den gelockten Schwanz.

STIMME *Erpel pfeifen und rufen gedämpft; Weibchen rufen laut und rau* quark quark.
BRUTBIOLOGIE *Meist Bodennest, mit Dunen gepolstert, manchmal in Baum oder Busch; 9–13 Eier, 1 Brut; Jan.–Aug.*
NAHRUNG *Kleine Wassertiere, Sämereien, Wurzeln, Triebe und Körner aus seichtem Wasser, gründelt und taucht; auch in trockenem Land, in Stoppelfeldern.*
ÄHNLICHE ARTEN *Löffelente, Spießente, Schnatterente.*

Brandgans

Tadorna tadorna

SUCHT NAHRUNG *und brütet an sandigen und schlammigen Stränden, v. a. an geschützten Flussmündungen, selten bei Binnenseen.*

TIPP

Im gräulichen Sommerkleid der Brandgänse sind oft Teile des braunen Brustbandes und des schwarzen Bauchstreifens noch erhalten.

Aus der Entfernung wirkt die Brandgans schwarz-weiß, von Nahem sieht man die kastanienfarbenen Felder und den roten Schnabel. Sie lebt v. a. an Küsten. Während der Mauser ist sie weniger typisch, aber immer noch gut zu bestimmen. Meist ist sie in Paaren oder kleinen Trupps unterwegs und ihr weißes Prachtkleid sticht vom dunklen Wattboden ab. Auch im schnellen, etwas schwerfälligen Flug ist ihr Muster gut zu erkennen. Familiengruppen sammeln sich im Spätsommer und die meisten Alttiere fliegen zur Mauser in die Deutsche Bucht.

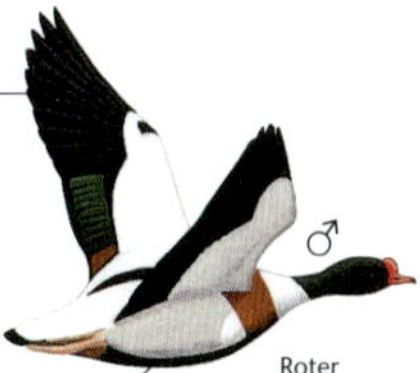

STIMME *Gänseähnlich* a-ank *und kehlig* grah grah; *vom Männchen hört man Pfeiflaute, Weibchen rufen im Frühjahr rhythmisch* gagagaga.
BRUTBIOLOGIE *Nest in Bodenhöhle, zwischen Strohballen, in alten Gebäuden, auch in Bäumen; 8–10 Eier, 1 Brut; Feb.–Aug.*
NAHRUNG *Schwenkt den Schnabel seitlich über den nassen Schlamm, um Algen, Schnecken und kleine Krebstiere aufzunehmen; weidet und gründelt in seichtem Wasser.*
ÄHNLICHE ARTEN *Stockenten-Männchen.*

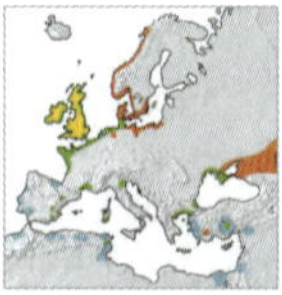

Reiherente

Aythya fuligula

Die herabhängende Haube und das schwarz-weiße Gefieder des Reiherenten-Männchens sind im Winter unverkennbar. Männchen im Sommer und Weibchen sind jedoch dunkel und unscheinbar und leicht mit Bergenten zu verwechseln. Diese häufigen Tauchenten sieht man meistens in Trupps, oft zusammen mit Tafelenten und selteneren Arten. Sie tauchen bei der Nahrungssuche bis etwa 10 m tief ab. In Teichen und Seen in Stadtgebieten sind diese Enten oft kaum scheu und fliegen nicht gleich auf, wenn Menschen sich ihnen nähern.

ÜBERWINTERT IN
Trupps auf Seen und an geschützten Küsten. Brütet im hohen Gras um Seen und Flüsse.

TIPP

Während des ganzen Jahres gehören Reiherenten auf Süßgewässern zu den häufigsten Tauchenten. Oft ruhen sie am Ufer, meistens in Paaren.

STIMME *Weibchen knurren; Männchen lassen bei der Balz nasale Pfeiftöne hören.*
BRUTBIOLOGIE *Bodenmulde, mit Dunen ausgekleidet, in hoher Vegetation in Wassernähe; 8–11 Eier, 1 Brut; Mai–Jun.*
NAHRUNG *Taucht von der Wasseroberfläche nach Mollusken und Insekten.*
ÄHNLICHE ARTEN *Bergente, Tafelente (♀).*

IM WINTER *an offenen Seen und Flussmündungen. Brütet an schilfigen Seen und Flüssen.*

TIPP

Im Sommer sieht man diese Enten selten, im Winter viel öfter. Meistens mischen sich einige von ihnen unter die Trupps der häufigen Reiherenten.

Tafelente

Aythya ferina

Tafelenten erscheinen im Herbst oft in Schwärmen auf Seen, bleiben ein bis zwei Tag und ziehen dann weiter. Das Männchen ist im Winter mit seinem rostroten Kopf, der schwarzen Brust und dem grauen Körper auffällig. Das Weibchen ist gräulich braun mit hellen Augenflecken auf dem dunkelbraunen Kopf, hat aber einen ähnlichen grau gefleckten Schnabel. Tagsüber schlafen diese Tauchenten oft längere Zeit auf dem Wasser, häufig in Trupps, die nur aus Männchen oder nur aus Weibchen bestehen. Oft suchen sie in der Nacht Nahrung und tauchen dabei nur wenige Meter tief ab.

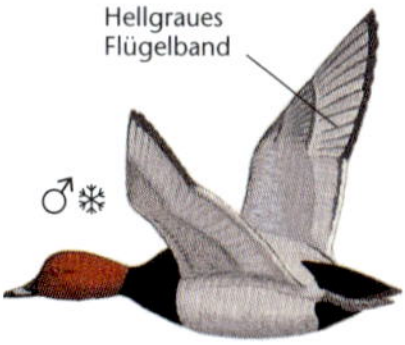

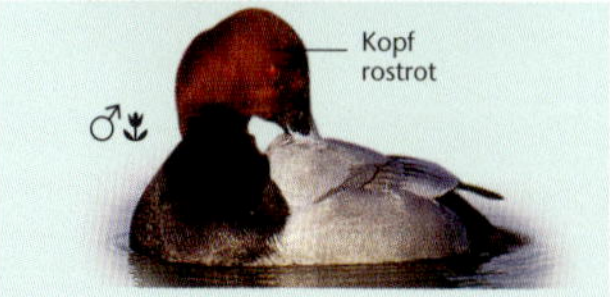

STIMME *Balzende Männchen lassen feine auf- und absteigende Laute hören; Weibchen rufen kehlig* krrr.
BRUTBIOLOGIE *Nest in Wassernähe, oft im Schilf; 8–10 Eier, 1 Brut; Apr.–Jul.*
NAHRUNG *Taucht nach Sämereien, Trieben, Wurzeln; oft bei Nacht.*
ÄHNLICHE ARTEN *Bergente, Reiherente.*

Bergente

Aythya marila

Die Bergente ähnelt der Reiherente, hat aber einen runderen Oberkopf und keine herabhängende Haube. Sie kommt meist am Meer vor, im Binnenland erscheint sie nur in kleiner Zahl. Der schwarze Kopf des Männchens im Brutkleid hat einen grünen Schimmer, der Rücken ist grau marmoriert. Winterschwärme halten sich in geschützten Gewässern auf.

ÜBERWINTERT IN *Schwärmen an ruhigen Küstengewässern wie Buchten und Flussmündungen. Brütet in Tundra und Mooren.*

TIPP

Ein Bergenten-Weibchen ist größer als die Reiherente. Sie hat einen größeren weißen Fleck an der Schnabelbasis, die Schnabelspitze ist weniger schwarz.

STIMME *Bei der Balz pfeifen die Männchen in niedriger Tonhöhe, sonst schweigen sie meist; Weibchen knurren tief.*
BRUTBIOLOGIE *Bodenmulde, mit Dunen ausgelegt, in Wassernähe; 8–11 Eier, 1 Brut; Apr.–Jun.*
NAHRUNG *Taucht in seichten Küstengewässern von der Wasseroberfläche nach Mollusken, Krebstierchen und anderen wirbellosen Tieren, nimmt auch Wasserpflanzen und Körner in Süßgewässern.*
ÄHNLICHE ARTEN *Reiherente, Tafelenten-Männchen.*

Schellente

Bucephala clangula

SUCHT AN *Küsten, Seen, großen Flüssen und Flussmündungen nach Nahrung. Brütet in Baumbeständen bei kalten Süßwasserseen. Im Winter auf Seen und Flussmündungen.*

Die untersetzte Tauchente mit kurzem Hals und hohem Kopf ist ein wachsamer Vogel, der die meiste Zeit auf dem Wasser verbringt und nach Nahrung taucht. Das goldgelbe Auge ist aus der Entfernung schwer zu sehen, aber das schwarz-weiße Gefieder der Männchen im Winter und der weiße Fleck am Kopf fallen ins Auge. Das Weibchen ist vorwiegend grau mit braunem Kopf und weißem Halsring. Männchen im Sommer sehen ähnlich aus, ihnen fehlt jedoch der Halsring. Schellenten sind scheu und leicht aufzuschrecken, im Flug geben ihre Flügel pfeifende Geräusche von sich.

TIPP

Schellenten bleiben lange unter Wasser. Ein aufgeschreckter Trupp scheint sich bei Störung zu vervielfachen: Immer neue Vögel kommen an die Wasseroberfläche und heben ab.

TIPP

Schellentenschwärme bestehen meistens aus Weibchen und immaturen Vögeln, im Frühjahr sind mehr männliche Altvögel dabei. Im Sommer sind Männchen und Weibchen kaum zu unterscheiden, der Unterschied wird erst deutlich, wenn das Weibchen den Kopf hebt und das weiße Halsband sichtbar wird. Das ähnliche Samtenten-Weibchen ist brauner, ohne Grau.

STIMME *Bei der Balz häufig nasal* si-siie, *Weibchen äußern einen grunzenden Doppellaut.*
BRUTBIOLOGIE *Höhle, mit Dunen ausgelegt, meist in Baumloch; 8–11 Eier, 1 Brut, Apr.–Jun.*
NAHRUNG *Taucht intensiv nach Mollusken, Insektenlarven und Krebstierchen.*
ÄHNLICHE ARTEN *Zwergsäger-Männchen, Samtenten-Weibchen.*

Eisente

Clangula hyemalis

Viele Enten suchen sowohl im Meer als auch im Süßwasser nach Nahrung, die Eisente jedoch ist ein Meeresvogel, der nur zur Brutzeit an Seen zu finden ist. Männchen im Winter fallen mit ihrem schwarz-weißen Gefieder und den langen, spitzen Schwanzfedern auf. Weibchen sind oberseits dunkler, unterseits hell und haben keinen langen Schwanz, Männchen im Sommer verlieren ihn und ähneln dann den Weibchen. Auf dem Meer sind Eisenten lebhaft, fliegen tief übers Wasser, landen oft und starten gleich wieder. Sie bleiben beim Tauchen lange unter Wasser.

BRÜTET AN *Seen und Teichen in Mooren und in der Tundra. Im Winter auf dem Meer, meist weit von der Küste, kommt bei Flut aber v. a. im Frühjahr in Buchten.*

TIPP

Männchen im Winter sind typisch, andere schwieriger zu bestimmen. Achten Sie auf die dunklen Flügel, den gedrungenen Körper und den kurzen Schnabel.

STIMME *Männchen haben laute rhythmische Jodelrufe,* a-ahuliie, *Weibchen knarren.*
BRUTBIOLOGIE *Nest, mit Dunen ausgekleidete Bodenmulde nahe am Wasser; 4–6 Eier, 1 Brut; Mai–Jun.*
NAHRUNG *Taucht nach Mollusken, Krebstieren, Würmern und Seeigeln; frisst im Sommer an den Brutplätzen im Norden Insekten.*
ÄHNLICHE ARTEN *Schellenten-Weibchen, Spießenten-Männchen.*

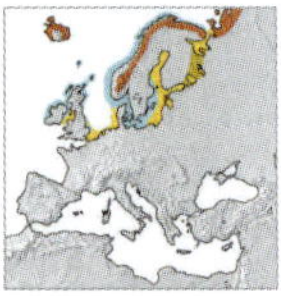

Trauerente

Melanitta nigra

Die dunkle, große Meeresente mit schlankem Hals und spitzem Schwanz schwimmt in großen, geselligen Trupps auf dem Meer und fliegt oft tief über der Wasseroberfläche. Das Männchen ist die einzige völlig schwarze Ente. Das Weibchen ist brauner mit hellem Gesicht.

IM WINTER *auf dem Meer. Brütet an Ufern von Moorseen und Teichen. Erscheint in großen Schwärmen an festen Plätzen.*

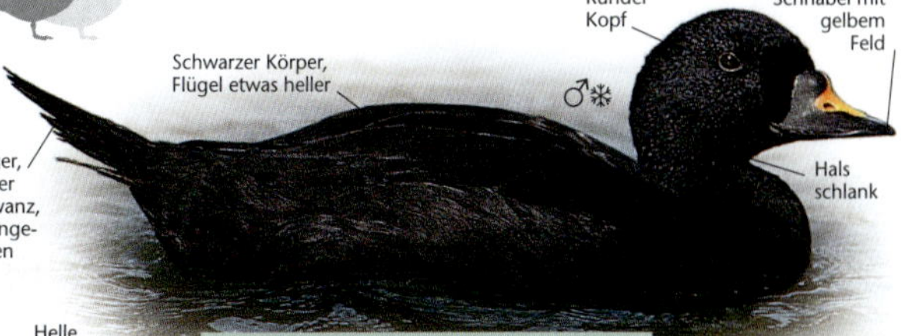

STIMME *Männchen pfeifen wohltönend, Weibchen knarren.*
BRUTBIOLOGIE *Bodenmulde, mit Dunen und Blättern ausgekleidet, in Wassernähe, oft auf Insel; 6–8 Eier, 1 Brut; März–Jun.*
NAHRUNG *Taucht nach Muscheln, Krebstieren und Meereswürmern.*
ÄHNLICHE ARTEN *Samt-, Schellente (Immatur).*

Samtente

Melanitta fusca

Mit ihrer Größe und dem keilförmigen Kopf sieht die Samtente fast wie eine Eiderente aus, ist jedoch viel dunkler. Meist sind wenige Vögel unter Gruppen von Trauerenten gemischt und nicht leicht von diesen zu unterscheiden. Der weiße Augenfleck des Männchens ist aus der Entfernung schwer zu sehen.

ÜBERWINTERT AUF *dem Meer an geschützten Küsten. Brütet an Küsten und Tundraseen.*

STIMME *Männchen pfeifen, Weibchen knurren; meist aber still, v.a. im Winter.*
BRUTBIOLOGIE *Bodenmulde in Wassernähe, mit Dunen ausgelegt; 6–8 Eier, 1 Brut; Mai–Jul.*
NAHRUNG *Taucht nach Mollusken, Krebstieren und Meereswürmern.*
ÄHNLICHE ARTEN *Trauerente, Schellente (Immatur).*

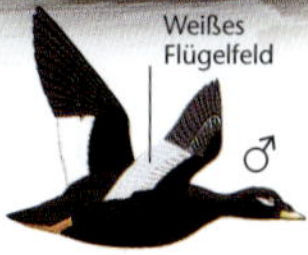

Eiderente

Somateria mollissima

Die Eiderente ist eine große, untersetzte Meeresente mit charakteristisch keilförmigem Kopf. Männchen sind im Winter kontrastreich schwarz und weiß, haben am Kopf grüne Flecken und eine rosafarbene Brust. Weibchen haben braunes Gefieder mit enger dunkler Bänderung und sind so im Nest hervorragend getarnt. Eiderenten sind sehr gesellig und bilden vor der Küste große Trupps.

BRÜTET AN *Küsten im Norden und auf Inseln mit steinigen Stränden und schilfigen Buchten. Überwintert auf dem Meer, in sandigen Buchten.*

TIPP

Das Eiderenten-Männchen ist die einzige Ente mit weißer Brust und Rücken und schwarzen Flanken und Bauch. Dies ist von Weitem zu sehen.

STIMME *Männchen rufen melodisch* aa-ahuh, *Weibchen tief knurrend und hart* kok kok kok.
BRUTBIOLOGIE *Bodenmulde, mit Dunen gepolstert, ganz offen oder gut versteckt; 4–6 Eier, 1 Brut; Apr.–Jun.*
NAHRUNG *Vorwiegend Mollusken, v.a. Muscheln; taucht, um sie von Felsen zu pflücken; auch Krebstiere wie Krabben und Garnelen, Seesterne und Meereswürmer.*
ÄHNLICHE ARTEN *Samtente, Stockenten-Weibchen.*

Zwergsäger

Mergellus albellus

IM WINTER *an Küstengewässern, auf Seen, Teichen und in Flussmündungen. Brütet an Waldseen und Flüssen.*

Der Zwergsäger ist die kleinste Sägerart. Die prächtigen Männchen sind im Winter in den meisten Teilen Westeuropas selten, Jungvögel und Weibchen aber überwintern an bestimmten Plätzen regelmäßig. An ihrer rotbraunen Kappe sind sie gut zu erkennen.

STIMME *Im Winter schweigsam.*
BRUTBIOLOGIE *Baumloch in Wassernähe, oft von Schwarzspecht; 4–6 Eier, 1 Brut; Apr.–Jun.*
NAHRUNG *Taucht nach kleinen Fischen und Insektenlarven.*
ÄHNLICHE ARTEN *Schwarzkopf-Ruderente, Gänsesäger-Weibchen.*

Mittelsäger

Mergus serrator

IM WINTER *auf dem Meer, an geschützten Küsten. Brütet an nordischen Küsten und Flüssen.*

Der lang gestreckte Säger mit dem dünnen roten Schnabel fängt Fische. Das Männchen fällt mit seinem dunklen Kopf und der Haube auf. Das Weibchen ähnelt dem Gänsesäger-Weibchen, hat aber keinen deutlichen Farbwechsel am Hals. Mittelsäger bilden meist kleine Trupps.

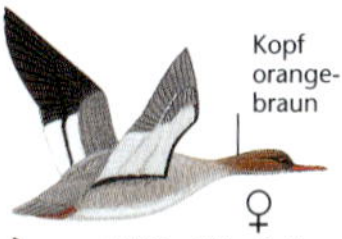

STIMME *Meist schweigsam; manchmal tiefe, krächzende oder knarrende Laute.*
BRUTBIOLOGIE *In hohem Gras oder zwischen Steinen; 8–11 Eier, 1 Brut; Apr.–Aug.*
NAHRUNG *Taucht nach kleinen Fischen und wirbellosen Tieren.*
ÄHNLICHE ARTEN *Gänsesäger-Weibchen, Stockenten-Männchen.*

Gänsesäger

Mergus merganser

Der Gänsesäger ist größer und hat einen dickeren Schnabel als der Mittelsäger. Die Brust des Männchen ist weiß und die Flanken lachsrosa getönt, der Kopf grün-schwarz. Das Weibchen ist blaugrau mit rotbraunem Kopf und weißem Hals. Die Art kommt auf großen Flüssen vor. Im Winter sammeln sich Schwärme auf Seen.

BEVORZUGT *Süßgewässer. Brütet bei Stauseen im Hochland und schnell fließenden sauberen Wasserläufen mit Kiesstränden.*

STIMME *Manchmal rau* karr, *gackernde Laute.*
BRUTBIOLOGIE *Meist Baumloch in Wassernähe; brütet manchmal auch im Heidekraut, zwischen Steinen oder in Uferabbruch; 8–11 Eier, 1 Brut; Apr.–Jul.*
NAHRUNG *Taucht nach Fischen, legt unter Wasser in Seen oft weite Entfernungen zurück.*
ÄHNLICHE ARTEN *Mittelsäger, Stockerpel.*

Nilgans

Alopochen aegyptiaca

Die vom Menschen eingeführte Nilgans hat einen dunklen Augenfleck, eine helle Brust und lange rosa Beine. Im Flug sind die weißen Felder auf den Flügelunterseiten sichtbar.

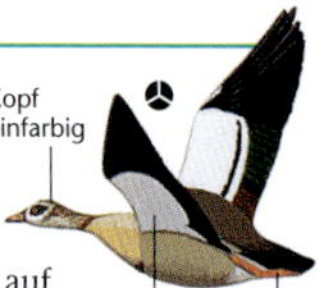

PAARE *verhalten sich zur Brutzeit manchmal anderen Wildvögeln gegenüber aggressiv.*

STIMME *Laute, wiederholte gackernde Rufe.*
BRUTBIOLOGIE *Auf breiten Baumästen, in Baumhöhlen; 6–10 Eier, 1 Brut; Apr.–Jul.*
NAHRUNG *Wurzeln, Triebe, Samen, andere Pflanzenteile aus seichtem Wasser und dem Uferbereich von Süßgewässern*
ÄHNLICHE ARTEN *Graugans.*

Kurzschnabelgans

9

Anser brachyrhynchus

SUCHT IN *Marschen, Weiden und Agrarland in Küstennähe nach Nahrung. Rastet auf Seen und Inseln.*

Die kleine Gans hat einen kürzeren Hals als die anderen Gänse und einen deutlich abgesetzten dunklen Kopf. Diese Merkmale fallen auch im Flug auf. Kurzschnabelgänse erscheinen zu Zehntausenden zum Weiden an bestimmten Stellen und fliegen in spektakulären Schwärmen zu ihren Übernachtungsplätzen.

STIMME *Wie Saatgans, aber höher und klangvoll* ahng-uk, *oft höher* uink-uink.
BRUTBIOLOGIE *Nest mit Dunen ausgelegt, in offener Tundra oder an Felshängen; 4–6 Eier, 1 Brut; Jun.–Jul.*
NAHRUNG *Große Schwärme weiden Gras, Rübenkraut, sammeln Kartoffeln, Getreide.*
ÄHNLICHE ARTEN *Saatgans, Graugans.*

Blässgans

Anser albifrons

IM WINTER *auf Weiden, Küstenmarschen und in Flussmündungen. Brütet in der Tundra.*

Die lebhafte Blässgans ist mit ihrer weißen Stirnblässe und den schwarzen Querstreifen auf dem Bauch eine der farbenfroheren grauen Gänse. Die sibirische Rasse hat einen rosafarbenen Schnabel, die größere, dunklere grönländische Rasse einen kräftigeren orangefarbenen Schnabel.

STIMME *Hohe jodelnde, sich überschlagende Rufe:* kju-ju kju-ju lo-lüok.
BRUTBIOLOGIE *Mit Dunen ausgekleidetes Nest in der Tundra; 5–6 Eier, 1 Brut; Jun.*
NAHRUNG *Weidet auf festem Boden, während sie vorwärtsgeht; nimmt Gras, Wurzeln, Wintergetreide und Körner auf.*
ÄHNLICHE ARTEN *Graugans, Zwerggans.*

Saatgans

Anser fabalis, Anser serrirostris

Diese große, gesellige Gans ist vorwiegend dunkelbraun mit hellen Streifen. Sie kommt in zwei Formen vor, einer langhälsigen und langschnäbeligen (*A. fabalis*) und einer kurzhälsigen, die der Kurzschnabelgans ähnelt (*A. serrirostris*). Manchmal schließt sie sich Blässgänsen an, unter denen sie an ihrem langen Hals und dem deutlich gebänderten Rücken zu erkennen ist.

IM WINTER *an festen Plätzen an Seen und nassen Weiden. Brütet in der Tundra und in Hochmooren.*

STIMME *Tiefe zwei- oder dreisilbige trompetende Rufe wie* ang-ang *oder* ank-ak ak.
BRUTBIOLOGIE *Bodenmulde bei Moorseen in Tundra oder Wald; 4–6 Eier, 1 Brut; Jun.*
NAHRUNG *Weidet kurzes Gras, nimmt Körner und Wurzeln von Feldern auf.*
ÄHNLICHE ARTEN *Kurzschnabelgans, Graugans.*

Graugans 10

Anser anser

Die massige Graugans wirkt in weichem Licht hell, in starker Sonne kontrastreicher. Sie hat sehr helle Oberflügel und der weiße Unterschwanz fällt auf. Ihre Rufe klingen vertraut, denn sie ist die direkte Stammmutter der Hausgans.

SUCHT IM *Winter auf Küstenmarschen, Weiden und Agrarland nach Nahrung. Brütet an Seen.*

STIMME *Laut und ganz ähnlich Hausgänsen* ahng-ahng-ahng, kang-ank.
BRUTBIOLOGIE *Bodennest, oft auf einer Insel; 4–6 Eier, 1 Brut; Mai–Jun.*
NAHRUNG *Weidet Gras und keimendes Getreide, gräbt nach Wurzeln und Körnern.*
ÄHNLICHE ARTEN *Kurzschnabelgans, Saatgans.*

Ringelgans

12

Branta bernicla

IM WINTER *in schlammigen Flussmündungen und Häfen, Salzmarschen und Agrarland. Brütet in der Tundra.*

Diese kleine, dunkle Gans tritt in zwei Unterarten auf, einer hell- und einer dunkelbäuchigen. Die schwarzbäuchige nordamerikanische Unterart ist ein seltener Durchzügler. Alle haben einen schwarzen Kopf und den typischen weißen Halsfleck. Sie gründeln bei der Nahrungssuche wie Enten.

STIMME *Tief rhythmisch, kehlig* rronk rronk, *in großen Schwärmen in lautem Chor.*
BRUTBIOLOGIE *Nest am Boden nahe eines Tümpels; 4–6 Eier, 1 Brut; Mai–Jun.*
NAHRUNG *Seegras und Algen auf dem Watt; auch Körner und Saaten.*
ÄHNLICHE ARTEN *Weißwangengans, Kanadagans.*

Weißwangengans

Branta leucopsis

IM WINTER *auf Weiden und Salzmarschen, an traditionellen Plätzen. Brütet in der Tundra und an Küsten.*

Obwohl sie der Kanadagans ähnelt, ist diese gesellige Art an ihrem weißen Gesicht, der schwarzen Brust und dem gestreiften Rücken zu erkennen. Jungvögel sind matter, die Streifen unregelmäßig. Große Schwärme überwintern jedes Jahr an denselben Plätzen.

STIMME *Raue, kurz bellende Rufe; in Schwärmen ein unmelodisches Schreien.*
BRUTBIOLOGIE *Nest auf Boden oder Felsband; 4–6 Eier, 1 Brut; Mai–Jun.*
NAHRUNG *Schwärme weiden auf Grasland, Kleefeldern und ähnlicher Vegetation.*
ÄHNLICHE ARTEN *Ringelgans, Kanadagans.*

Kanadagans 11

Branta canadensis

LEBT AN *Seen, Flüssen, Stauseen, in Feuchtgebieten und Grasland, auch in Stadtparks.*

Die große Gans mit schwarzem Kopf und Hals und dem typischen weißen Kinnstreifen stammt aus Nordamerika und hat sich in Nordeuropa ausgebreitet. Ursprünglich ein Zugvogel, ist sie meist zum Standvogel geworden und wandert nur zur Mauser an ruhige Plätze.

STIMME *Tief und laut, zweisilbig und ansteigend* ah-ronk.
BRUTBIOLOGIE *Bodenmulde, mit Dunen ausgekleidet, oft auf kleiner Insel; lockere Kolonien; 5–6 Eier, 1 Brut; Apr.–Jun.*
NAHRUNG *Weidet Gras und Getreide ab; nimmt Wasserpflanzen.*
ÄHNLICHE ARTEN *Weißwangengans.*

Zwergschwan 8

Cygnus columbianus

IM WINTER *auf Agrarland und Seen. Brütet in der sibirischen Tundra.*

Der Zwergschwan ist der kleinste Schwan und wirkt recht gedrungen. Er unterscheidet sich vom größeren Singschwan durch seine gänseähnliche Gestalt und den kleineren gelben Schnabelfleck. Meist sucht er in Schwärmen auf nassen Feldern Nahrung.

STIMME *Trompetenartige Rufe, weniger durchdringend als bei Singschwan; weichere, leisere Laute im Trupp.*
BRUTBIOLOGIE *Haufen aus Halmen an einem Tundratümpel; 3–5 Eier, 1 Brut; Mai–Jun.*
NAHRUNG *Weidet Gras und Getreide, Wurzeln von Äckern; seltener Wasserpflanzen.*
ÄHNLICHE ARTEN *Sing-, Höckerschwan.*

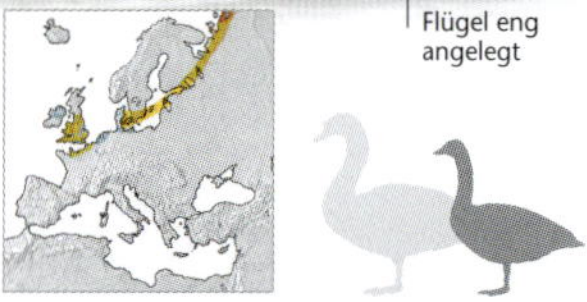

Singschwan 7

IM WINTER *auf großen Seen, im Feuchtland, in Flüssen und auf Feldern. Brütet in Tundraseen.*

Cygnus cygnus

Der Singschwan ist so groß wie der Höckerschwan, sieht aber eher wie eine Gans aus. Er ist ein wild lebender, scheuer Vogel. Der gelbe Schnabelfleck ist größer als beim Zwergschwan. Wenn der Singschwan wachsam ist, hält er den Hals gestreckt.

STIMME *Lauter Trompetenruf, etwas tiefer als Zwergschwan, oft drei- oder viersilbig.*
BRUTBIOLOGIE *Haufen aus Halmen nahe am Wasser; 5–8 Eier, 1 Brut; Apr.–Jun.*
NAHRUNG *Blätter und Halme an Land, gräbt Wurzeln aus; im Sommer Wasserpflanzen.*
ÄHNLICHE ARTEN *Zwergschwan, Höckerschwan.*

Höckerschwan 6

BRÜTET AN *Seen, Flüssen und geschützten Küsten, in Feuchtgebieten sowie bei Feldern und in Stadtparks.*

Cygnus olor

Der Höckerschwan ist einer der bekanntesten Wasservögel. Sein elegant gebogener Hals ist von Weitem zu erkennen und er hat einen längeren Schwanz als andere Schwäne. Paare zur Brutzeit gehen mit erhobenen Flügeln und lautem Zischen auf Eindringlinge los.

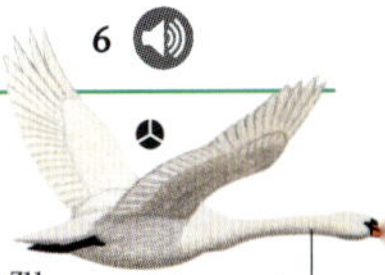

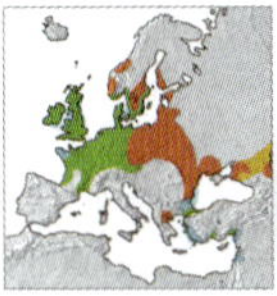

STIMME *Unterdrückte trompetende und zischende Laute.*
BRUTBIOLOGIE *Großer Pflanzenhaufen in Wassernähe; 5–8 Eier, 1 Brut; März–Jun.*
NAHRUNG *Weidet auf Rasenflächen und im seichten Wasser; gründelt in tieferem Wasser.*
ÄHNLICHE ARTEN *Zwergschwan, Singschwan.*

Seevögel

In diesem Kapitel werden Vögel verschiedener Familien vorgestellt, die an das Leben am Meer angepasst sind. Einige, wie die Sturmschwalben und Sturmtaucher, verbringen fast ihr gesamtes Leben auf dem Meer und brüten nur an Land, oft in riesigen Kolonien. Andere, wie die Möwen, sind stärker an Küsten gebunden, einige tauchen auch im Binnenland auf. Seevögel sind meist schnelle Flieger und gute Schwimmer und Taucher. Raubmöwen sind schnelle, sperberähnliche Vögel. Möwen und Seeschwalben sind ebenfalls gute Flieger mit langen, spitzen Flügeln. Alken wie der Tordalk haben kleine Flügel, die eher ans Tauchen als ans Fliegen angepasst sind. Wie Kormoran und Krähenscharbe tauchen sie tief.

STENSEESCHWALBE

ZWERGMÖWE

TROTTELLUMME

TORDALK

Sturmschwalbe

Hydrobates pelagicus

LEBT AUF *hoher See, wird nur selten durch Stürme an Küsten verdriftet. Brütet auf Inseln und Landzungen, die sie nachts erreicht.*

Die kleine, zierliche Sturmschwalbe ist wenig größer als ein Spatz und dennoch verbringt sie fast ihr gesamtes Leben auf dem Meer und erträgt im Winter die härtesten Bedingungen. Sie ist außer dem weißen Bürzel dunkel und fliegt mit flatternden Flügelschlägen niedrig übers Wasser, um hinunterzustoßen und Fressbares von der Wasseroberfläche aufzunehmen. Sie folgt oft in kleinen Trupps Schiffen und überholt mit erstaunlicher Geschwindigkeit, bevor sie hinunterstößt und sich Abfälle aus dem Wasser holt. Selten ist sie am Strand zu sehen und zu ihren Brutgebieten zieht sie nachts, um jagenden Möwen und Raubmöwen zu entgehen.

TIPP

Die Sturmschwalbe ist eine Hochseeart und kommt selten in Küstennähe. Meist sieht man sie von Schiffen aus. Achten Sie auf den gerundeten Schwanz und das weiße Band am Unterflügel, die sie vom Wellenläufer unterscheiden. Letzteres ist oft schwer zu sehen. Außer dem weißen Bürzel ist die Sturmschwalbe dunkel und hat keine hellen Flecken auf den Oberflügeln.

STIMME *Am Nest weicher Triller mit abruptem Schluss.*
BRUTBIOLOGIE *Loch zwischen Steinen, in alter Mauer oder in Bodenloch wie altem Kaninchenbau; 1 Ei, 1 Brut; Apr.–Jul.*
NAHRUNG *Kleine Planktonorganismen, winzige Fische und Fischabfälle von Fangschiffen; pickt im Flug nach Nahrung, läuft dabei oft über die Wasseroberfläche.*
ÄHNLICHE ARTEN *Wellenläufer, Mehlschwalbe.*

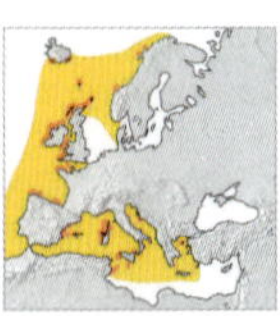

Wellenläufer

Oceanodroma leucorhoa

Obwohl er etwas größer als die Sturmschwalbe ist, wirkt der Wellenläufer trotzdem zu zierlich, um auf hoher See zu überleben und mit den atlantischen Stürmen fertig zu werden. Er ist brauner als die Sturmschwalbe, mit auffallenden weißen Bändern auf den Oberflügeln, die zusammen mit dem Bürzel ein »V« bilden, und einem gekerbten Schwanz, der allerdings nicht immer sichtbar ist. Sein Flug ist schnell und kräftig, kraftvoller als der der Sturmschwalbe, er wendet oft unerwartet und ändert die Geschwindigkeit. Während er Nahrung aufnimmt, hängen die Beine herab, er läuft jedoch seltener über die Wasseroberfläche.

SUCHT AUF *dem Meer Nahrung, im Winter auf hoher See. Kann aber durch Stürme sogar ins Binnenland verdriftet werden. Brütet auf abgelegenen Inseln.*

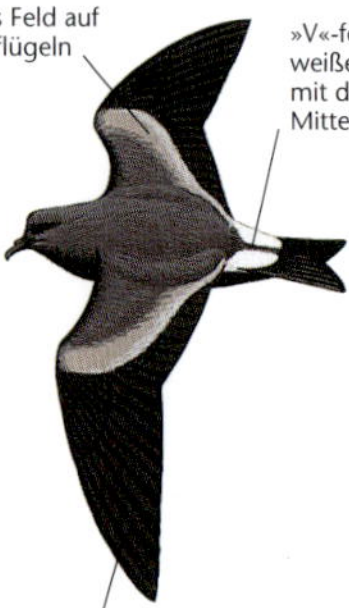

TIPP

Während die Sturmschwalbe wie eine Schwalbe fliegt, ähnelt der Wellenläufer im Flug einer Seeschwalbe. Er hält oft die Flügel ausgebreitet, die innere Flügelhälfte erhoben und die Spitzen abgesenkt und bildet so ein »M«. Sein Flug ist elegant und lebhaft.

STIMME *Am Nest ratternde, gurrende Laute.*
BRUTBIOLOGIE *Bodenhöhle oder Felsenhöhlung, manchmal alter Kaninchenbau; ein Elternvogel brütet, während der andere auf dem Meer ist und erst nachts zurückkommt; 1 Ei, 1 Brut; Apr.–Jul.*
NAHRUNG *Pickt nachts kleine Stücke von Fisch, Tran, Quallen oder anderen wirbellosen Tieren von der Meeresoberfläche.*
ÄHNLICHE ARTEN *Sturmschwalbe, Trauerseeschwalbe.*

Krabbentaucher

SUCHT AUF *dem offenen Meer Nahrung, wird durch Stürme manchmal ins Binnenland verdriftet.*

Alle alle

Der Krabbentaucher ist der kleinste und im Flug und an Land der lebhafteste Alk. Er ist so groß wie ein Sperling, jedoch untersetzter, mit rundem Kopf und kurzem Schnabel. In Europa sieht man ihn meist im Spätherbst im Winterkleid an der Nordsee. Die dunkleren Altvögel im Sommerkleid sind selten.

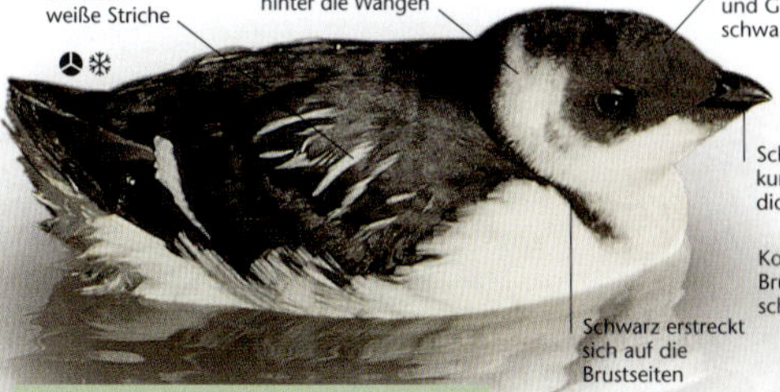

STIMME *Schrille zwitschernde oder schwätzende Rufe und Triller; auf See still.*
BRUTBIOLOGIE *Höhlung hoch über der Küste, oft zwischen Felsen, in großen Kolonien; 1 Ei, 1 Brut; Jun.–Aug.*
NAHRUNG *Taucht nach kleinen Fischen, Plankton und Krebstieren.*
ÄHNLICHE ARTEN *Papageitaucher, Tordalk.*

Gryllteiste

BRÜTET AN *Küsten und auf Felsabbrüchen an Inseln. Sucht auf dem Meer nach Nahrung.*

Cepphus grylle

Im Sommer ist die Gryllteiste an ihrem einzigartigen Gefieder zu erkennen. Im Winter ist sie oberseits schwarzweiß gebändert, Altvögel behalten jedoch die weißen Flecken auf Flügelober- und -unterseite. Sie ist weniger gesellig als andere Alken und meist in Paaren oder kleinen Gruppen zu sehen.

STIMME *Schriller hoher, pfeifender Ruf wird zu Trillern; dünne* sip-sip-sip-*Laute.*
BRUTBIOLOGIE *Nische zwischen Felsen, in Hafenmauern; 1 Ei, 1 Brut; Mai–Jun.*
NAHRUNG *Taucht, um kleine Fische und Krebstiere zu fangen.*
ÄHNLICHE ARTEN *Trottellumme, Papageitaucher, Ohrentaucher.*

Papageitaucher

Fratercula arctica

BRÜTET AN *Klippen an der Küste, v. a. auf Inseln. Im Winter weitab der Küste auf dem offenen Meer.*

Wenige Seevögel sind so unverkennbar wie der Papageitaucher im Sommer mit seinem Clownsgesicht und dem riesigen bunten Schnabel. Sogar aus der Entfernung ist er typisch, wenn er auf dem Wasser schaukelt oder wie ein Aufzieh-Vogel durch die Luft schwirrt. Im Winter ist er weniger auffällig, da er die farbige Scheide am Schnabel und die bunten Ornamente um die Augen verliert. Auch sein Gesicht ist dann dunkler, allerdings nicht so dunkel wie das der Jungvögel. Im Sommer kann man oft beobachten, wie Papageitaucher Nahrung zu ihren Bruthöhlen an Küsten im Norden und Westen bringen.

TIPP

Ein Papageitaucher im Prachtkleid ist kaum mit einem anderen Vogel zu verwechseln. Im Winter jedoch suchen die Vögel weit draußen auf dem Meer Nahrung und können von Weitem mit anderen Alken verwechselt werden. Typisch ist die graue Gesichtsscheibe. Außerdem hat ein Papageitaucher einen untersetzteren Vorderkörper als eine Lumme oder ein Tordalk.

STIMME *Am Nest laute bellende und kehlige Rufe wie* aaarr, kaar-o-arr.
BRUTBIOLOGIE *Gräbt oder besetzt fertige Höhlen, oft von Kaninchen, oder nutzt Höhlung zwischen Felsen; 1 Ei, 1 Brut; Mai–Jun.*
NAHRUNG *Taucht von der Wasseroberfläche nach kleinen Fischen, Tintenfischen, Krebstieren und Meereswürmern.*
ÄHNLICHE ARTEN *Krabbentaucher, Tordalk, Trottellumme.*

Trottellumme

Uria aalge

BRÜTET IN *Kolonien auf schmalen Felsbändern oder Felsen mit flacher Spitze. Im Winter auf offenem Meer.*

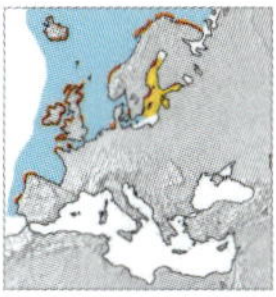

Der schlanke, lang gestreckte Alk mit dem spitzen Schnabel ist einer der häufigsten Brutvögel an Felsenkolonien. Er brütet oft in Nachbarschaft des kräftigeren Tordalks. Trottellummen fliegen tief und schnell von Landspitzen hinaus und schwimmen in großen Gruppen unter den Felsen.

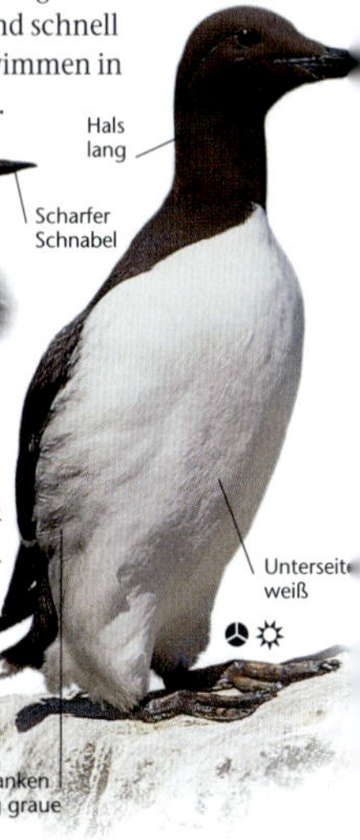

STIMME *In Kolonien laute, ratternde, nasale und brüllende Laute wie arrrr-rrr-rr.*
BRUTBIOLOGIE *Eier auf Felsband, in Kolonien; 1 Ei, 1 Brut; Mai–Jun.*
NAHRUNG *Taucht von der Wasseroberfläche tief nach Fischen, nutzt Flügel zum Antrieb.*
ÄHNLICH *Tordalk, Schwarzschnabel-Sturmtaucher.*

Tordalk

Alca torda

BRÜTET AN *Felsküsten in Spalten oder zwischen Felsblöcken. Im Winter meist weit draußen auf dem Meer.*

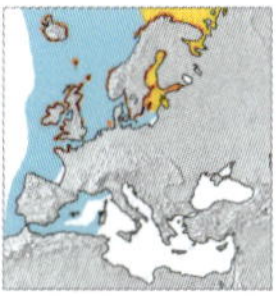

Massiger als die Trottellumme und wesentlich seltener, hat der Tordalk einen spitzen Schwanz und einen hohen, seitlich abgeflachten klingenförmigen Schnabel mit einer weißen Linie an der Spitze. Er brütet oft mit Trottellummen zusammen, allerdings weniger offen in Höhlungen.

Spitzer Schwanz, oft aufgerichtet

STIMME *Lange tremolierende und knatternde Laute an der Kolonie, tief urrrr.*
BRUTBIOLOGIE *An geschütztem Felsband oder Felshöhlung; 1 Ei, 1 Brut; Mai–Jun.*
NAHRUNG *Taucht oft tief nach Fischen, nutzt die Flügel zum Antrieb.*
ÄHNLICHE ARTEN *Trottellumme, Papageitaucher.*

Zwergseeschwalben

Sternula albifrons

BRÜTET AN *schmalen Sand- und Kiesstränden. In Südspanien, Portugal und Osteuropa auch im Binnenland. Im Winter an afrikanischen Küsten.*

Die schnelle und nervös wirkende Zwergseeschwalbe ist meist schon an ihrer geringen Größe zu erkennen, außerdem ist sie heller als andere Seeschwalben und hat während des ganzen Jahres eine weiße Stirn. Ihre Flügel haben oberseits einen schwarzen Streifen an den Spitzen und Altvögel haben einen gelben Schnabel mit schwarzer Spitze. Obwohl sie ein verbreiteter Sommergast ist, wurde sie seltener, da sie oft an Badeständen brütet. Viele Kolonien überleben nur, weil die Brutplätze abgesperrt werden. Auch der Anstieg des Meeresspiegels ist eine Bedrohung, weil Eier und Junge oft weggespült werden.

TIPP

Die Zwergseeschwalbe ist schmalflügeliger als andere Seeschwalben, fliegt schneller, mit flatternden Flügelschlägen, und ruft dabei oft laut. Sie rüttelt tief über dem Meer mit sehr schnell schlagenden Flügeln. Man kann sie an ihrem Flug bestimmen, auch wenn sie zu weit entfernt ist, um ihre Größe oder Färbung zu erkennen.

STIMME *Scharf, hoch und rasch* kirri-kirri-kirri *und* kititit.
BRUTBIOLOGIE *Flache Mulde im Sand oder Kies, meist wassernah; 2–3 Eier, 1 Brut; Mai–Jun.*
NAHRUNG *Taucht nach kleinen Fischen, oft nahe am Strand in seichtem Wasser, meist aus einem Rüttelflug, der recht lang sein kann; wiederholt die Tauchgänge schneller als andere Seeschwalben.*
ÄHNLICHE ARTEN *Brandseeschwalbe, Flussseeschwalbe, Küstenseeschwalbe.*

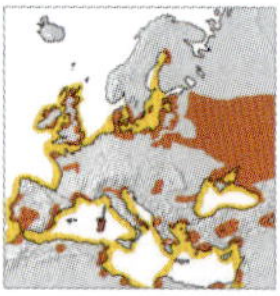

Flussseeschwalbe

37

Sterna hirundo

SUCHT AN *Küsten, Flüssen und Seen Beute. Brütet an Küsten, Inseln, in Salzmarschen und lokal an Flusskiesbänken. Durchzügler sind an Küsten verbreitet, manche im Binnenland. Im Winter an afrikanischen Küsten.*

Die Flussseeschwalbe ist eine typische Seeschwalbe mit schwarzer Kappe und hellem Körper und recht bekannt. An europäischen Küsten ist sie von Frühjahr bis Herbst verbreitet und auch im Binnenland ist sie die häufigste Seeschwalbe. Sie ähnelt der Küstenseeschwalbe und kommt oft mit dieser zusammen vor, ist aber untersetzter, mit kürzerem Schwanz und längerem Schnabel. Gegen Ende des Sommers wird die Stirn der Altvögel weiß und sie ähneln dann Zwergseeschwalben. Da diese aber viel kleiner und heller sind, ist die Verwechslungsgefahr gering.

TIPP

Obwohl sie der Küstenseeschwalbe sehr ähnelt, hat die Flussseeschwalbe einen flacheren Kopf und einen längeren roten Schnabel. Wenn man sie im Flug von unten sieht, sind nur die inneren Handschwingen durchscheinend und bilden ein helles Feld, die der Küstenseeschwalbe hingegen sind bis auf den dunklen Saum völlig durchscheinend.

STIMME *Hoch und kratzend* kierr-i kierr-i, *scharf* kikikiki *oder schnell* kirrikirrikirrik.
BRUTBIOLOGIE *Bodenmulde, in Sand, Kies, Muschelschalen oder trockener Erde, in Kolonien in Wassernähe; 2–4 Eier, 1 Brut; Mai–Jun.*
NAHRUNG *Stößt aus der Luft nach Fischen und wirbellosen Wassertieren, oft nach kurzem Rüttelflug; pickt Insekten und Fische im Flug von der Wasseroberfläche.*
ÄHNLICHE ARTEN *Rosensee-, Küstensee-, Brandseeschwalbe.*

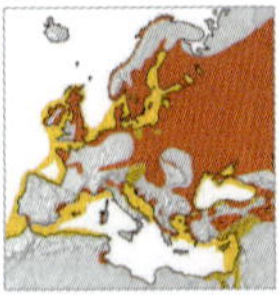

Küstenseeschwalbe

Sterna paradisaea

Die Küstenseeschwalbe ähnelt der Flussseeschwalbe sehr, wirkt etwas eleganter und ist ein Meeresvogel, der nie im Binnenland auftaucht. Kopf und Hals sind kürzer, der Schwanz länger und so wirkt sie im Flug vorderlastiger als die Flussseeschwalbe. Ihre Flügelspitzen sind länger, die äußeren Handschwingen durchsichtig mit einem schmalen dunklen Saum. Im Herbst wird die Stirn weiß und der tiefrote Schnabel schwärzlich. Die Küstenschwalbe fliegt als einzige Vogelart vom hohen Norden bis in die Antarktis, um hier den Winter zu verbringen.

BRÜTET IM *hohen Norden an Sand- und Kiesstränden. Überwintert an Küsten der Südhalbkugel bis zum antarktischen Packeis.*

TIPP

In der Luft ist die Küstenseeschwalbe eleganter als die Flussseeschwalbe, ihr Flug wirkt entspannt. Ihre Technik, Fische zu fangen, ist ähnlich: Sie stößt aus der Luft nach Fischen, hält dabei aber oft inne. Sie rüttelt, geht ein Stück tiefer und rüttelt wieder. Hat sie ihr Ziel klar im Blick, stößt sie ins Wasser und taucht mit einem Fisch wieder auf.

STIMME *Hoch und scharf* kii-jää, *ansteigend* pii-pii-pii, *kurz* kik *oder* krerr.
BRUTBIOLOGIE *Mulde in Sand oder Kies oder Nische in Felsen, in Kolonien; 2 Eier, 1 Brut; Mai–Jun.*
NAHRUNG *Stößt aus der Luft nach kleinen Fischen, oft in mehreren Etappen; pickt auch Krebstiere und Insekten von Süßgewässern.*
ÄHNLICHE ARTEN *Flussseeschwalbe, Rosenseeschwalbe, Weißbart-Seeschwalbe.*

Rosenseeschwalbe

Sterna dougallii

BRÜTET AN *Stränden und Inseln, sucht Nahrung im Meer. Im Winter an westafrikanischen Küsten.*

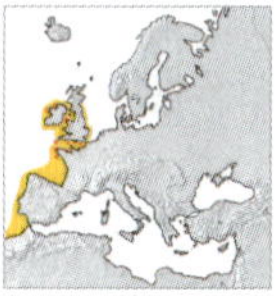

Die Rosenseeschwalbe, die nach ihrer rosafarben getönten Unterseite benannt ist, ähnelt der Fluss- und Küstenseeschwalbe, ist jedoch heller, hat längere Schwanzfedern und einen langen schwarzen Schnabel mit roter Basis. In den letzten Jahren sind die Bestände stark zurückgegangen, in Europa ist die Art inzwischen selten.

STIMME *Rau, auf einer Tonhöhe* krrähk; *melodischer zweisilbiger Ruf* tschi-wik.
BRUTBIOLOGIE *Grasnest, oft in hoher Vegetation; 2–3 Eier, 1 Brut; Mai–Jun.*
NAHRUNG *Stößt nach kurzem Rütteln nach Fischen, v.a. Sandaalen und Sprotten.*
ÄHNLICHE ARTEN *Flussseeschwalbe, Brandseeschwalbe, Küstenseeschwalbe.*

Lachseeschwalbe

Gelochelidon nilotica

LEBT BEI *Lagunen, Feuchtgebieten und hohem Grasland. Seltener Durchzügler an nördlichen Küsten.*

Diese große, helle Seeschwalbe ist ein Vogel der Süßwassersümpfe und Küstenlagunen und jagt wie eine riesige Schwalbe nach fliegenden Insekten. Sie hat einen kräftigen schwarzen Schnabel und schwarze Beine, ihr Bürzel und Schwanz sind hellgrau.

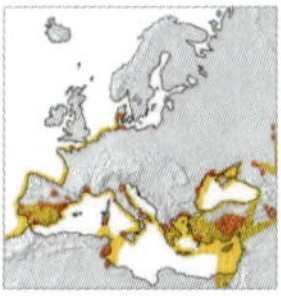

STIMME *Nasal und tief* kä-wäk, *auch lachende und knarrende Lautfolgen.*
BRUTBIOLOGIE *Mulde, mit Gras ausgelegt, in Wassernähe; 3 Eier, 1 Brut; Mai–Jun.*
NAHRUNG *Fängt Insekten im Flug und am Boden; kleine Vögel, Mäuse, Frösche.*
ÄHNLICHE ARTEN *Brandseeschwalbe, Flussseeschwalbe, Weißbart-Seeschwalbe.*

Brandseeschwalbe

Thalasseus sandvicensis

BRÜTET AN *Sanddünen, Kiesstränden und Inseln. Im Winter an afrikanischen Küsten.*

Die Brandseeschwalbe ist ein großer, lebhafter und lauter Vogel mit zerfranster Haube, einem langen Schnabel und langen, gewinkelten Flügeln. In der Luft sieht sie reinweiß aus und wenn sie auf Fische hinunterstößt, hört man beim Eintauchen den Aufprall.

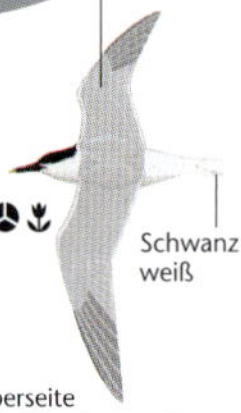

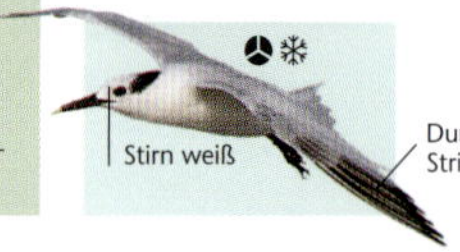

STIMME *Laut und rau, rhythmisch* kärr-ink *oder* kier-ik.
BRUTBIOLOGIE *Flache Mulde im Sand oder Kies; 1–2 Eier, 1 Brut; Mai–Jun.*
NAHRUNG *Fängt Fische, v. a. Sandaale, indem sie aus dem Flug herabstößt.*
ÄHNLICHE ARTEN *Flussseeschwalbe, Lachseeschwalbe, Lachmöwe.*

Raubseeschwalbe

Hydroprogne caspia

BRÜTET AN *Küsten und Inseln, meist um die Ostsee. An anderen Küsten seltener Durchzügler.*

Die Raubseeschwalbe ist die größte Seeschwalbe und hat einen riesigen roten Schnabel. Sie ist wohlproportioniert und so fällt ihre massige Gestalt nicht immer auf. Über dem Wasser fliegt sie meist mit gesenktem Kopf und hält nach Beute Ausschau.

STIMME *Tief und explosiv* krii-äk; *in Brutkolonien lärmend.*
BRUTBIOLOGIE *Flache Mulde in Sand oder Kies; 2–3 Eier, 1 Brut; Mai–Jun.*
NAHRUNG *Taucht nach Fischen, fliegt oft weit von Kolonien zu Nahrungsgründen.*
ÄHNLICHE ARTEN *Küstenseeschwalbe, Flussseeschwalbe.*

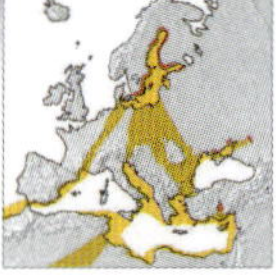

Trauerseeschwalbe

Chlidonias niger

SUCHT IN *Sumpfgebieten, Lagunen, Salzpfannen und Seen nach Nahrung. Brütet an Seen und Sümpfen. Im Winter v. a. an afrikanischen Küsten.*

Die Sumpfseeschwalben der Gattung *Chlidonias* sind kleinere und elegantere Vögel als die Seeschwalben und tauchen nicht, sondern picken die Nahrung von der Wasseroberfläche. Die Trauerseeschwalbe ist die am weitesten verbreitete Art. Im Sommer ist sie vorwiegend schwarz und dunkelgrau, nur unter dem Schwanz und den Flügeln weiß. In Westeuropa ist sie im Herbst, wenn ihr Gefieder weniger typisch ist, häufiger: Der Körper wird weiß, nur eine dreilappige schwarze Kappe und ein schwarzer Fleck auf jeder Brustseite bleiben erhalten.

TIPP

Trauerseeschwalben haben einen leichten, unberechenbaren Flugstil, stoßen oft herab oder weichen seitlich aus. Wenn sie jagen, steigen sie über dem Wasser auf, gleiten wieder herab und halten den Kopf meist gesenkt, um jederzeit herabzustoßen und einen Fisch zu fangen.

STIMME *Kurz, etwas rau* kik, kik-kiik.
BRUTBIOLOGIE *Nest aus Halmen und Wasserpflanzen, in seichtem Wasser oder auf schwimmender Vegetation, im Sumpf oder an trockenerem Land; 3 Eier, 1 Brut; Mai–Jun.*
NAHRUNG *Pickt nach Insekten, kleinen Fischen, Krebstieren und Fröschen an der Wasseroberfläche.*
ÄHNLICHE ARTEN *Weißbart-Seeschwalbe, Zwergmöwe.*

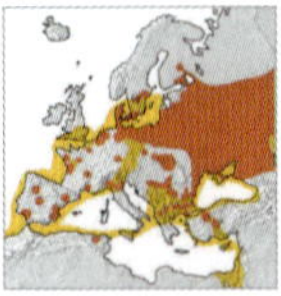

Weißbart-Seeschwalbe

Chlidonias hybrida

JAGT BEUTE *in sumpfigen Flüssen, Feuchtgebieten und Küstenlagunen. Im Winter meist an afrikanischen Binnengewässern, manche im Mittelmeergebiet.*

Die größte der Sumpfseeschwalben hat einen dicken Schnabel und breite Flügel, mit denen sie kräftiger wirkt als die nah verwandte Trauerseeschwalbe. Ihr Flug ist direkter und weniger sprunghaft. So kann man sie im Herbst und Winter mit der Fluss- oder Küstenseeschwalbe verwechseln. Im Unterschied zu diesen taucht sie aber selten nach Fischen. Über Sumpfgebieten in Südeuropa ist sie im Sommer ein vertrauter Anblick.

TIPP

Die Weißbart-Seeschwalbe im Sommerkleid kann man mit der Flussseeschwalbe verwechseln, ihr Bürzel und Schwanz sind jedoch grauer. Der Schnabel ist dunkler rot ohne schwarze Spitze. Im Winter ist der Schwanz das beste Merkmal, der viel weniger gegabelt ist.

STIMME *Trocken kratzend* tscherrk.
BRUTBIOLOGIE *Schwimmendes Nest aus Wasserpflanzen, an Pflanzen befestigt, in Sumpf; 3 Eier, 1 Brut; Mai–Jun.*
NAHRUNG *Pickt im Flug nach Insekten, Krebstieren, kleinen Fischen und Amphibien.*
ÄHNLICHE ARTEN *Trauerseeschwalbe, Flussseeschwalbe.*

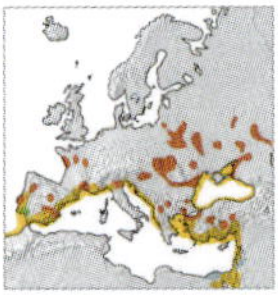

Schwarzschnabel-Sturmtaucher

Puffinus puffinus

SUCHT ÜBER *dem offenen Meer nach Beute, brütet in Kolonien auf Inseln und Heideland. Im Herbst an Küsten verbreitet.*

An Land sind diese Vögel unbeholfen, bewegen sich auf ihren schwachen Beinen rutschend vorwärts und nehmen Schnabel und Flügel zur Hilfe, in der Luft jedoch sind sie elegant. Meist sieht man sie mit schnellen Flügelschlägen zwischen langen Gleitflügen tief übers Meer fliegen.

STIMME *Laute heulende, klagende und lachende Rufe nachts in der Brutkolonie.*
BRUTBIOLOGIE *Benutzt Baue von Kaninchen, Papageitaucherhöhlen oder Löcher zwischen Steinen; 1 Ei, 1 Brut; Apr.–Jul.*
NAHRUNG *Schwärme tauchen nach kleinen Fischen oder Tintenfischen.*
ÄHNLICHE ARTEN *Tordalk.*

Sepiasturmtaucher

Calonectris diomedea

LEBT MEIST *auf hoher See, erscheint manchmal im Binnenland und auf Inseln. Brütet auf vielen Inseln im Mittelmeer.*

Dieser Sturmtaucher ist ein großer, langflügeliger Seevogel mit gelbem Schnabel und dunklen Flecken um die Augen. Seine langen Flügel hält er leicht gewölbt. Er steigt hoch in die Luft auf und gleitet dann langsam in lang gezogenen Bögen abwärts.

STIMME *Laute, heulende Laute nahe den Brutplätzen; auf See meist schweigsam.*
BRUTBIOLOGIE *Höhle zwischen Steinen oder Bodenloch in Hang; 1 Ei, 1 Brut; März–Jul.*
NAHRUNG *Fische, Tintenfische, Garnelen, Quallen und Fischabfälle; taucht flach von der Wasseroberfläche aus.*
ÄHNLICHE ARTEN *Silbermöwe (Immatur).*

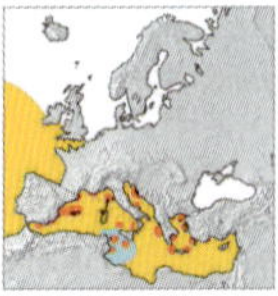

Eissturmvogel

3

MEIST AUF *dem Meer. Brütet an steilen Klippen oder abgelegenen Grasufern.*

Fulmarus glacialis

Obwohl sein Gefieder möwenähnlich ist, gehört der Eissturmvogel zu den Röhrennasen und ist mit den Albatrossen verwandt. Während des Gleitflugs hält er die Flügel anders als eine Möwe gestreckt. Eissturmvögel sieht man oft in Aufwinden um Küstenklippen aufsteigen, meist sind sie aber auf hoher See.

STIMME *Lautes, raues und kehliges Keckern.*
BRUTBIOLOGIE *Brütet an Felsen oder Erdhang; 1 Ei, 1 Brut; Apr.–Jun.*
NAHRUNG *Fischabfälle von Fangschiffen, kleine Fische, Quallen, Tintenfische und andere Meerestiere.*
ÄHNLICHE ARTEN *Silbermöwe, Gelbschnabel-Sturmtaucher.*

Falkenraubmöwe

BRÜTET *in der nordischen Tundra. Im Winter auf dem Meer, Durchzügler an Küsten.*

Stercorarius longicaudus

Diese kleine, schlanke Raubmöwe fliegt elegant, fast wie eine Seeschwalbe, und ändert häufig die Richtung und Höhe. Altvögel haben im Sommer lange, wippende mittlere Schwanzfedern. Jungvögeln fehlen diese, sie ähneln Schmarotzerraubmöwen.

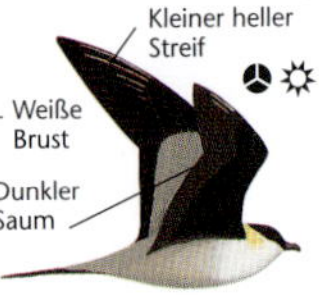

DUNKLE FORM

STIMME *Möwenähnliche Rufe und hohe Alarmrufe im Sommer; auf See schweigsam.*
BRUTBIOLOGIE *Bodenmulde in der Tundra oder in den Bergen; 2 Eier, 1 Brut; Jun.*
NAHRUNG *Im Sommer Lemminge, Wühlmäuse und kleine Vögel; im Winter Fische.*
ÄHNLICHE ARTEN *Schmarotzerraubmöwe, Spatelraubmöwe.*

SUCHT AUF *dem Durchzug in Küstennähe nach Nahrung. Im Winter auf dem Meer. Brütet in nordischen Mooren und der Tundra. In Europa die häufigste Raubmöwe.*

Schmarotzerraubmöwe

Stercorarius parasiticus

Die schlanke Schmarotzerraubmöwe ist variabel gefärbt, wirkt aber immer elegant. Sie ist größer und schwerer als die Falkenraubmöwe, aber weniger massig als die Spatelraubmöwe und im Flug einer der schönsten Seevögel. Sie tritt in einer dunklen und einer hellen Form auf. Als Pirat jagt sie Seeschwalben und kleine Möwen, um sie zum Herauswürgen von Fischen zu zwingen. Ihre pfeilschnellen Verfolgungsjagden sind aufregend zu beobachten. An ihren Brutplätzen im Norden attackiert sie äußerst mutig Menschen, die ihr zu nahekommen.

HELLE FORM

DUNKLE FORM

TIPP

Die langflügelige Schmarotzerraubmöwe hat einen schnellen, unberechenbaren Flug und wirkt in der Luft falkenähnlich, v. a. wenn sie andere Vögel verfolgt. Gelegentlich tötet sie auch kleine Vögel im Flug wie ein Falke, meist jedoch jagt sie andere Vögel, um ihnen ihre Beute zu stehlen.

HELLE FORM

TIPP

Die Schmarotzerraubmöwe hat unterschiedlichste Gefiedervariationen, von hell bis dunkel, mit vielen Übergangsformen. Alle haben weiße Marken nahe den Flügelspitzen, sowohl auf der Ober- als auch auf der Unterseite, und die langen mittleren Schwanzfedern sind gerade und spitz, nicht stumpf wie die der Spatelraubmöwe.

DUNKLE FORM

STIMME *Im Sommer laut nasal klagend* ahh-jiuh, ii-ai, ka-ju *oder ähnlich; auf dem Meer still.*
BRUTBIOLOGIE *Bodenmulde in Moos oder Heide, in kleinen Kolonien; 2 Eier, 1 Brut; Mai–Jun.*
NAHRUNG *Raubt Möwen und Seeschwalben Fische ab; fängt Fische, kleine Vögel und Wühlmäuse; nimmt auch Beeren und Insekten auf.*
ÄHNLICHE ARTEN *Spatelraubmöwe, Silbermöwe (Immatur), Sturmmöwe (Immatur).*

Spatelraubmöwe

Stercorarius pomarinus

Die Spatelraubmöwe ist eine größere und kräftigere Ausgabe der Schmarotzerraubmöwe und im Sommer an ihren spatelförmigen Schwanzfedern zu erkennen. Jungvögel können mit Schmarotzerraubmöwen verwechselt werden, haben aber eine deutlichere Bänderung an Schwanzober- und -unterseite.

SUCHT NACH *Stürmen an Stränden nach Futter, sonst meist auf hoher See. Brütet in der arktischen Tundra.*

STIMME *Abseits der Brutplätze für gewöhnlich schweigsam.*
BRUTBIOLOGIE *Bodenmulde in der arktischen Tundra; 2 Eier, 1 Brut; Jun.*
NAHRUNG *Fängt im Sommer Lemminge und Seevögel; jagt anderen Vögeln Fische ab.*
ÄHNLICHE ARTEN *Schmarotzerraubmöwe, Skua, Silbermöwe (Immatur).*

Skua

Stercorarius skua

Die Skua ist die größte und räuberischste der Raubmöwen. Sie ist dunkelbraun mit hellen Strichen und großen weißen Flügelflecken. Da sie Dreizehenmöwen töten und Basstölpeln die Beute abjagen kann, bedroht sie die Bestände anderer Seevögel.

BRÜTET IN *Mooren in Küstennähe. Sonst meist auf hoher See, manchmal in Küstennähe.*

STIMME *Bellend* ak-ak-ak *oder tief* tak-tak; *auf dem Meer schweigsam.*
BRUTBIOLOGIE *Einfache Mulde auf moorigen Flächen; 2 Eier, 1 Brut; Mai–Jun.*
NAHRUNG *Raubt anderen Seevögeln ihre Beute; tötet Vögel, frisst Eier, Aas und Abfälle.*
ÄHNLICHE ARTEN *Schmarotzerraubmöwe, Spatelraubmöwe, Silbermöwe.*

Zwergmöwe

Hydrocoloeus minutus

BRÜTET IN *Feuchtgebieten. Sucht sonst an Küsten, Lagunen, Seen und Stauseen nach Nahrung.*

Die kleinste Möwenart ist ein zierlicher, eleganter Vogel, das Gefieder ist das einer typischen dunkelköpfigen Möwe, kombiniert mit dem einer Dreizehenmöwe. Im Sommer bedeckt die Kapuze den ganzen Kopf, im Gegensatz zur Lach- und Schwarzkopfmöwe hat sie keinen hellen Augenring. Sie sucht über Süßgewässern nach Nahrung und pickt nach Insekten und Kleintieren wie eine Trauerseeschwalbe. Wie Seeschwalben erscheint sie im Frühjahr und Herbst in kleinen Gruppen über Seen. Jungvögel bleiben dort auch im Sommer und suchen mit Möwen nach Nahrung.

TIPP

Ein Vogel im Immaturkleid ähnelt mit dem schwarzen Zickzackband auf dem Oberflügel einer immaturen Dreizehenmöwe, es gibt aber Unterschiede. Ein Zwergmöwen-Jungvogel hat einen dunklen Rücken und wenn er zum ersten Wintergefieder mausert, wird der Hals schwarz und dehnt sich auf beide Brustseiten aus.

STIMME *Rufe kurz* kek-kek-kek, akar akar akar.
BRUTBIOLOGIE *Grasnest auf dem Boden oder in dichter Verlandungsvegetation; 3 Eier, 1 Brut; Mai–Jun.*
NAHRUNG *Pickt meist Insekten, wirbellose Tiere und kleine Fische von der Wasseroberfläche.*
ÄHNLICHE ARTEN *Lachmöwe, Schwarzkopfmöwe, Dreizehenmöwe (Immatur).*

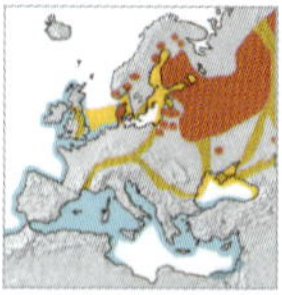

Lachmöwe

34

Chroicocephalus ridibundus

Die Lachmöwe ist eine kleine, lebhafte und sehr helle Möwe. Im Prachtkleid hat sie eine dunkelbraune Kapuze, die den Hinterkopf nicht mit einschließt, in anderen Kleidern einen hellen Kopf mit dunklen Ohrflecken. Die dunklen Unterflügel vermitteln beim Flug den Eindruck zu flackern. Im Binnenland war sie immer häufig, die Bestände haben aber noch zugenommen, weil die Vögel an Müllkippen reichlich Nahrung finden und auf Stau- und Baggerseen geschützt brüten können.

SUCHT AN *Küsten, Seen, Flüssen, Stauseen, in Agrarland und auf Müllkippen Nahrung, ist in Städten häufig. Brutvogel von Küsten bis hin zu hoch gelegenen Seen im Binnenland.*

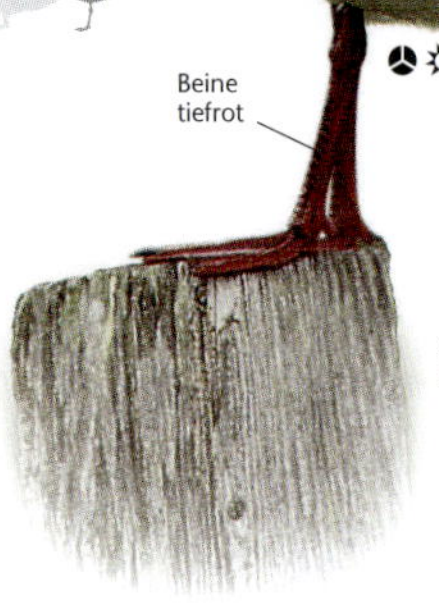

TIPP

Schauen Sie nach einem auffälligen keilförmigen weißen Außenrand der Flügeloberseite. Keine andere Möwe hat dieses Merkmal.

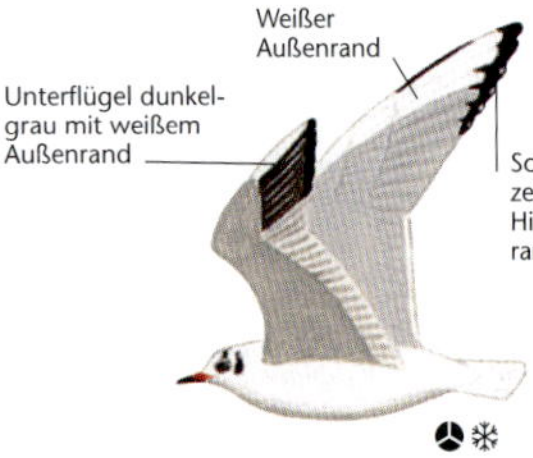

STIMME *Laute kreischende, lachende und gackernde Rufe,* kwärr, kii-ärr, kiwk, kik-kik.
BRUTBIOLOGIE *Haufen aus Halmen in Vegetation auf dem Boden in Feuchtgebieten, in Kolonien; 2–3 Eier, 1 Brut; Mai–Jun.*
NAHRUNG *Würmer, Sämereien, Fische und Insekten vom Boden und Wasser, oft auf frisch gepflügten Feldern; fängt auch Insekten im Flug.*
ÄHNLICHE ARTEN *Schwarzkopfmöwe, Sturmmöwe, Zwergmöwe.*

Schwarzkopfmöwe

Ichthyaetus melanocephalus

Obwohl sie in Südosteuropa häufiger ist, hat sich diese hübsche Möwe weit nach Westen ausgebreitet. Sie ist größer als die ähnliche Lachmöwe, hat weiße Flügelspitzen und im Sommer eine schwarze statt einer braunen Kapuze.

BRÜTET IN *seichten Lagunen und Küstenmarschen. Im Winter an Stränden, Flussmündungen.*

STIMME *Nasal, weittragend, auf- und abfallend* iiu-irr iiu-irr.
BRUTBIOLOGIE *Nest auf Sand, Kies oder in Feuchtgebiet; 3 Eier, 1 Brut; Mai–Jun.*
NAHRUNG *Fische, Würmer, wirbellose Wassertiere, Abfall am Strand und im Binnenland.*
ÄHNLICHE ARTEN *Lachmöwe, Sturmmöwe.*

Dreizehenmöwe 36

Rissa tridactyla

Die Dreizehenmöwe ist stark ans Meer gebunden und kommt nur an Land, um in lauten Kolonien an steilen Felswänden zu brüten. Ihr weißer Kopf und die schwarzen Flügelspitzen sind im Flug typisch und auch ihr Ruf ist unverkennbar.

BRÜTET AN *Küstenfelsen. Im Winter auf dem Meer, selten an Küsten. Im Binnenland seltener Durchzügler.*

STIMME *Hell, nasal rhythmisch* kitt-i-wäik; *auch hoher miauender Ruf.*
BRUTBIOLOGIE *Nest an Felsvorsprung oder Gebäude; 2–3 Eier, 1 Brut; Mai–Jun.*
NAHRUNG *Fängt Fische von der Oberfläche oder taucht flach ein; Fischabfälle.*
ÄHNLICHE ARTEN *Sturmmöwe, Zwergmöwe, Silbermöwe.*

Sturmmöwe

Larus canus

BRÜTET AN *Küsten und in Mooren. Im Winter an Küsten, Seen, in Agrarland.*

Die Sturmmöwe ähnelt der Silbermöwe, ist aber wesentlich kleiner und hat einen kleineren Schnabel ohne roten Fleck und dunkle Augen, durch die sie freundlicher wirkt. Im Vergleich zur Lachmöwe hat sie weder eine dunkle Kapuze noch einen Ohrenfleck und keinen weißen Außenrand am Oberflügel. Sie kommt in ihrem großen Verbreitungsgebiet sehr lokal vor.

TIPP

Aus der Entfernung kann die Sturmmöwe von der Silbermöwe an den größeren weißen Flecken auf den schwarzen Flügelspitzen unterschieden werden. Ihr Flugstil ist fließend, sie gleitet nur kurz und steigt selten auf.

STIMME *Laute hohe nasale Rufe wie* kiiiija, kii-är-är-är, *kurz* gagaga.
BRUTBIOLOGIE *Haufen aus Gras und Algen auf dem Boden oder auf Baumstumpf, in Kolonien; 2–3 Eier, 1 Brut; Mai–Jun.*
NAHRUNG *Würmer, Insekten, Fische und Mollusken vom Boden oder aus dem Wasser; auch Abfälle.*
ÄHNLICHE ARTEN *Silbermöwe, Mittelmeermöwe, Lachmöwe, Schwarzkopfmöwe.*

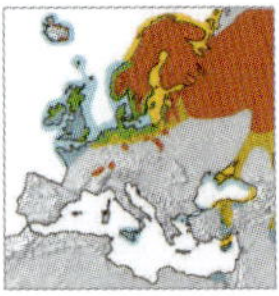

Silbermöwe

35

Larus argentatus

Die große, laute Silbermöwe lebt im Sommer an Küstenfelsen. Im Winter, wenn ihr weißer Kopf und Hals braun gestrichelt sind, streift sie an Küsten und im Binnenland umher. Sie hat stechend gelbe Augen.

SUCHT AN *Stränden und Müllhalden Nahrung. Brütet an Klippen, auf Inseln und Dächern.*

STIMME *Laut schallend, oft bellend* kiu, kiijujuju, *kurz* gagagag *oder* käk käk.
BRUTBIOLOGIE *Grasnest auf Boden, Felsband oder Gebäude; 2–3 Eier, 1 Brut; Mai.*
NAHRUNG *Fische, Mollusken, Insekten, Fischabfälle vom Boden und Wasser.*
ÄHNLICHE ARTEN *Mittelmeermöwe, Sturmmöwe, Heringsmöwe.*

Mittelmeermöwe

Larus michahellis

Die Mittelmeermöwe, die früher für eine südliche Rasse der Silbermöwe gehalten wurde, hat einen dunkleren Rücken, weniger Weiß an den Flügelspitzen und gelbe Beine. Ihr Kopf bleibt im Winter weiß. An einigen Plätzen brüten beide Arten zusammen, kreuzen sich aber nicht.

BRÜTET AUF *felsigen Inseln und Felsen vor der Küste. Streift oft um Docks und Städte.*

STIMME *Tiefer als Silbermöwe, ähnlich wie Heringsmöwe.*
BRUTBIOLOGIE *Grasnest auf festem Boden, Felsband oder Gebäude; 2–3 Eier, 1 Brut; Mai.*
NAHRUNG *Wirbellose Wassertiere, Fische und Fischabfälle aus dem Wasser oder vom Boden.*
ÄHNLICHE ARTEN *Silbermöwe, Heringsmöwe.*

Heringsmöwe

Larus fuscus

Im Frühjahr und Sommer ist diese Art eine der schönsten europäischen Möwen, makellos schiefergrau und weiß mit lebhaft gelben Beinen und Schnabel. Sie ist fast so groß wie eine Silbermöwe, aber schlanker und dunkler. Skandinavische Vögel sind dunkel, bei der nördlichen Unterart ist der Rücken schwarz statt grau. Die Heringsmöwe war in Westeuropa ein Sommergast, mittlerweile überwintern jedoch große Populationen im Binnenland. Trotzdem kann man im Frühjahr und Herbst viele Durchzügler hoch übers Land fliegen sehen.

BRÜTET AUF *Klippen, Inseln, in Mooren und auf Dächern. Sucht Nahrung an Stränden, Müllhalden und Stauseen.*

TIPP

Sieht man sie von unten, hat sie dunklere Schwungfedern als eine Silbermöwe und der Kontrast zwischen den schwarzen Flügelspitzen und dem dunklen Band am Unterflügel ist wesentlich schwächer.

STIMME *Tiefe kehlige, klagende Laute, auch bellend und jaulend,* kjo kjo-jo-jo, *kurz* gagaga.
BRUTBIOLOGIE *Nest aus Gras oder Algen auf festem Boden, oft in dichter Vegetation; 2–3 Eier, 1 Brut; Mai.*
NAHRUNG *Fische, Würmer, Mollusken, Krebstiere und Abfälle vom Wasser und vom Boden; im Sommer auch Seevögel, deren Eier und Junge.*
ÄHNLICHE ARTEN *Silbermöwe, Mittelmeermöwe.*

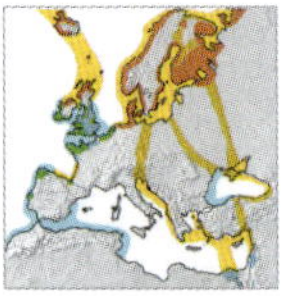

Polarmöwe

Larus glaucoides

Die hübsche Möwe ist so groß wie die Silbermöwe. Sie brütet in Grönland und kommt im Winter vereinzelt auf den Britischen Inseln und an der Nordsee vor. Ihr Federkleid ist fast nicht von dem der Eismöwe zu unterscheiden.

SUCHT AUF *dem Meer nach Nahrung, folgt oft Fischerbooten. Auch an Stränden und Müllkippen.*

STIMME *Schrille quiekende und bellende Laute ähnlich der Silbermöwe.*
BRUTBIOLOGIE *Grasnest auf Felsband oder Boden; 2–3 Eier, 1 Brut; Jun.*
NAHRUNG *Fische, Mollusken, Krebstiere, Abfälle vom Wasser, von Feldern, Müllkippen.*
ÄHNLICHE ARTEN *Eismöwe, Silbermöwe.*

Eismöwe

Larus hyperboreus

Die Eismöwe ist größer als die Polarmöwe, hat einen grimmigen Blick und einen längeren Schnabel. In Europa sieht man sie meist in ihrem weniger makellosen Winterkleid, bevor sie in den Norden zieht, um in der Arktis zu brüten.

SUCHT UM *Fischereischiffe, an Stränden und Müllkippen nach Nahrung. Brütet an Küsten im Norden.*

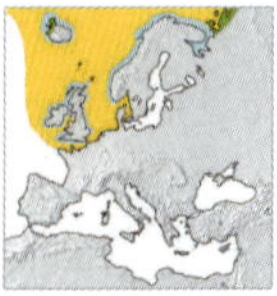

STIMME *Sehr ähnlich der Silbermöwe, aber etwas rauer.*
BRUTBIOLOGIE *Haufen aus Halmen auf Felsband oder Boden; 2–3 Eier, 1 Brut. Mai–Jun.*
NAHRUNG *Fische, wirbellose Tiere, Abfälle; jagt im Sommer.*
ÄHNLICHE ARTEN *Polarmöwe, Silbermöwe (Immatur).*

Mantelmöwe

Larus marinus

Die Mantelmöwe lebt ausgesprochen räuberisch und ist weltweit die größte Möwenart. Die Größe des Schnabels ist ein gutes Bestimmungsmerkmal von Vögeln in Immaturkleidern, die Silbermöwen ähneln, aber wesentlich größer sind. Altvögel sind schwärzer als die südlichen Unterarten der Heringsmöwe. Im Sommer jagt die Mantelmöwe Seevögel und deren Junge.

BRÜTET AN *steinigen Küsten mit Klippen, oft in Trupps an Küstenlagunen. Im Winter an Stränden, Häfen, Stauseen und Müllkippen.*

TIPP

Aus der Entfernung kann diese große Möwe von der Heringsmöwe am größeren weißen Fleck und dem schwerfälligeren Flug unterschieden werden.

STIMME *Tiefe bellende Rufe, rau* joug *oder* ou-ou-ou.
BRUTBIOLOGIE *Flaches Grasnest auf einem Felsband; 3 Eier, 1 Brut; Mai–Jun.*
NAHRUNG *Im Sommer kühn und räuberisch, jagt Seevögel und Wühlmäuse; fängt auch Fische, Krebstiere und andere wirbellose Tiere; Abfall vom Strand, Meer und Müllkippen.*
ÄHNLICHE ARTEN *Heringsmöwe, Silbermöwe (Immatur).*

SUCHT AN *steinigen Küsten und Inseln Beute. In Häfen nicht häufig. Brütet an Küstenfelsen.*

Krähenscharbe

Phalacrocorax aristotelis

Dieser Tauchvogel ähnelt dem nah verwandten Kormoran sehr, die Altvögel sind jedoch schwarz mit ölig grünem Schimmer und die einzige Farbe ist ein hellgelber Fleck an der Basis des Schnabels. Im Sommer haben beide Geschlechter eine kurze Haube. Vögel im Winter sind weniger typisch und leichter mit Kormoranen zu verwechseln, aber ihr schlangenähnlicher schlanker Vorderkörper verleiht ihnen einen anderen Charakter. Obwohl sie manchmal Einzelgänger sind, suchen sie meist in Trupps nach Nahrung.

TIPP

Der Kopf der Krähenscharbe unterscheidet sich von dem des Kormorans; zwischen Schnabel und Stirn existiert ein steiler Winkel. Ein Altvogel hat kein Weiß am Kopf. Im Binnenland handelt es sich meist um einen Kormoran.

STIMME *Raue, ratternde Laute am Nest; auf See schweigsam.*
BRUTBIOLOGIE *Nest aus Gras, Ästen und Algen auf Felsband oder in Nische; 3–4 Eier, 1 Brut; Mai.*
NAHRUNG *Fängt Fische, v.a. Sandaale und Heringe, taucht von der Wasseroberfläche aus, verfolgt sie unter Wasser; taucht oft mit einem kleinen Sprung.*
ÄHNLICHE ARTEN *Kormoran, Prachttaucher.*

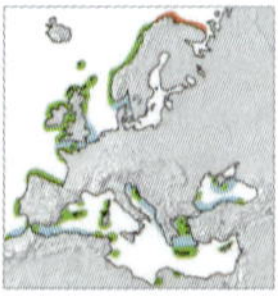

Kormoran

Phalacrocorax carbo

Der Kormoran ist größer und kräftiger als die Krähenscharbe, hat einen dickeren Schnabel und keine Haube. Sein Gefieder ist schwärzlich, glänzt blau und bronzefarben und im Frühjahr hat er weiße Flecken am Kopf und an den Schenkeln sowie einen weißen Hals. Oft sieht man ihn im Binnenland, sogar in kleinen Teichen. Kormorane schwimmen mit fast untergetauchtem Rücken und sitzen mit typisch halb geöffneten Flügeln. Ihr Flug ist kraftvoll, oft gleiten sie weite Strecken.

LEBT AN *Küsten in geschützten Buchten und um Häfen. Im Binnenland an Seen, Flüssen und Teichen. Brütet auf Küstenfelsen.*

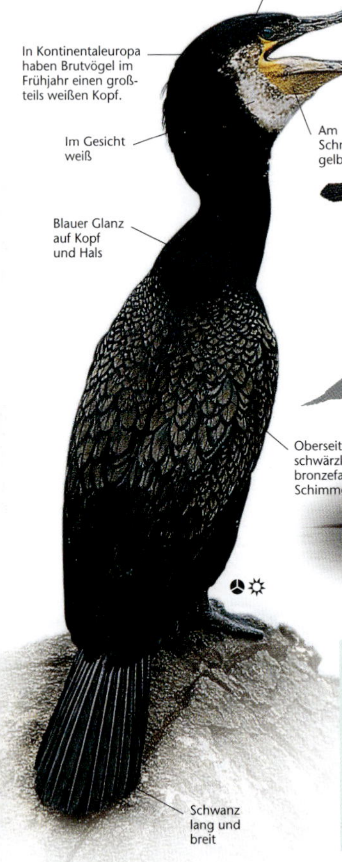

TIPP

Im Flug hat der Hals des Kormorans einen Knick nach oben, die Krähenscharbe hält ihn gestreckt. Letztere fliegt meist tiefer, oft direkt über dem Wasser.

STIMME *Gutturale und krächzende Laute in der Brutkolonie oder in rastenden Gruppen; sonst schweigsam.*
BRUTBIOLOGIE *Nest aus Zweigen in Bäumen oder auf Felsbändern, darunter oft weiße Kotspritzer; 3–4 Eier, 1 Brut; Apr.–Mai.*
NAHRUNG *Fängt Fische, v.a. Aale und Plattfische am Grund, lange Tauchzüge von der Wasseroberfläche aus, rudert mit den Füßen; große Fische bringt er an die Oberfläche, bevor er sie verschluckt.*
ÄHNLICHE ARTEN *Krähenscharbe, Prachttaucher.*

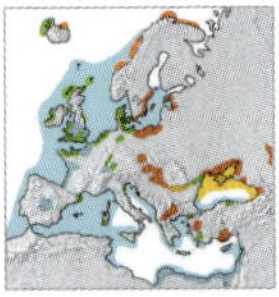

Basstölpel

Morus bassanus

BRÜTET IN *dichten, lauten Kolonien auf felsigen Inseln. Sucht auf dem Meer Nahrung.*

Der Basstölpel ist der größte europäische Seevogel. Gewöhnlich sieht man ihn vor der Küste als strahlend weißen Vogel mit schwarzen Flügelspitzen kreisen oder spektakulär nach Fischen tauchen. Jungvögel hingegen sind sehr dunkel mit weißen Flecken und werden mit über fünf Jahren hell, ihre Gestalt ist jedoch immer typisch. Von Nahem sind der hellgelbe Kopf des Männchens und die dunklen Zeichnungen im Gesicht und auf dem großen, scharfen Schnabel sichtbar.

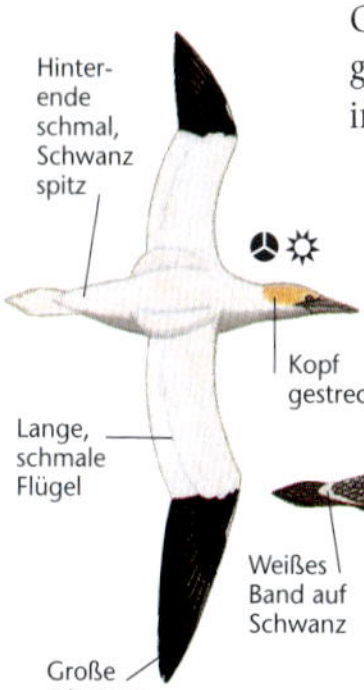

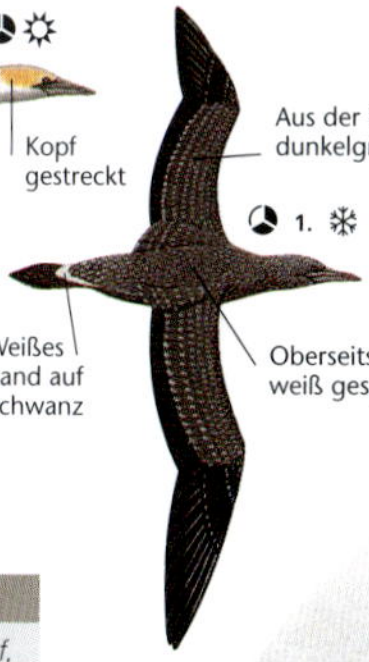

TIPP

Der gestreckte Kopf, spitze Schnabel und schmale Schwanz sind nicht mit Möwen zu verwechseln. Die langen Flügel sind viel schmaler ohne Schwarz.

STIMME *Am Brutplatz rhythmischer Chor kehliger Laute; auf See schweigsam.*
BRUTBIOLOGIE *Haufen aus Algen und Abfall auf breitem Felsband hoch über dem Wasser, oft riesige Kolonien; 1 Ei, 1 Brut; Apr.–Jul.*
NAHRUNG *Fängt Fische wie Makrelen und Schellfische unter Wasser, taucht flach aus der Luft oder senkrecht aus großer Höhe; auch Abfälle von Fischereibooten.*
ÄHNLICHE ARTEN *Mantelmöwe (Immatur), Schmarotzerraubmöwe.*

Eulen & Greifvögel

Eulen und Greifvögel sind reine Fleischfresser, die meisten jagen lebende Beute. Eulen sind hoch spezialisiert und sehen und hören sehr gut. Viele sind nachtaktiv, manche, wie die Sumpfohreule, sind auch tagsüber unterwegs. Beide Gruppen haben hervorragende Augen, kräftige Beine und mit scharfen Krallen bewaffnete Zehen. Die hakenförmigen Schnäbel sind kräftig, um die Beute zu greifen und zu zerlegen. Das Nahrungsspektrum reicht von Insekten (Rötelfalke, Zwergohreule) über kleine Nagetiere (Turmfalken, viele Eulen), Aas (Geier), Fische (Fischadler), andere Vögel (Sperber) bis zur Beute der Größe von Gämsen (Steinadler). Sie sind hervorragende Flieger, manche warten oft stundenlang am Ansitz auf Beute, andere kreisen meist am Himmel, um Ausschau zu halten.

TURMFALKE

GÄNSEGEIER

WALDOHREULE

STEINADLER

LEBT ZWISCHEN *Bäumen, in Dörfern und kleinen Städten, Parks, Agrarland und Gehölzen, oft bei alten Gebäuden. Im Winter meist in Afrika.*

Zwergohreule

Otus scops

Der Ruf der Zwergohreule in der Abend- oder Morgendämmerung ist am Mittelmeer in Dörfern und Gehölzen überall zu hören. Sie ist nachtaktiv und sieht im Licht der Straßenlaterne hell aus. Ihr Kopf ist oben eckig, wenn sie die Federohren nicht aufgestellt hat.

STIMME *Einzelne melodische Pfiffe wie pju oder tju, alle 2–3 Sekunden wiederholt.*
BRUTBIOLOGIE *Höhle in Baum, Mauer oder Gebäude; 4–5 Eier, 1 Brut; Apr.–Jun.*
NAHRUNG *Stößt vom Ansitz herab, um Insekten zu jagen.*
ÄHNLICHE ARTEN *Steinkauz, Raufußkauz, Waldkauz.*

SITZT AUF *Pfosten und Ästen in Agrarland, in offenen, felsigen Hängen, sogar in Halbwüsten mit Felsen.*

Steinkauz

Athene noctua

Diese kleine, untersetzte, kurzschwänzige Eule sitzt oft tagsüber auf einem exponierten Sitzplatz, wo sie von kleinen Vögeln laut attackiert wird. Sie wirkt rund und kräftig, streckt sich aber, wenn sie alarmiert ist, und fliegt in wellenförmigem, schnellem Flug davon.

STIMME *Lauter, melodischer, ansteigender Gesang* kuuuhk; *Ruf scharf, abfallend* kihu.
BRUTBIOLOGIE *In Loch in Baum, Mauer oder Gebäude; 2–5 Eier, 1 Brut; Mai–Jul.*
NAHRUNG *Fängt kleine Nagetiere, große Insekten und Würmer am Boden.*
ÄHNLICHE ARTEN *Steinkauz, Raufußkauz, Sumpfohreule.*

Raufußkauz

Aegolius funereus

Dieser kleine Kauz ist schwer zu sehen, denn er ist nur nachtaktiv und lebt in dichten Wäldern. Er lässt sich anhand seiner Rufe, seiner Größe und seines Lebensraumes bestimmen, denn der Steinkauz und die Zwergohreule meiden dichten Wald.

LEBT IN *dichten Wäldern, v. a. Nadelwäldern. Bleibt während des ganzen Jahres nahe des Brutgebiets.*

STIMME *Hart* tziak; *Gesang eine Reihe von 5–8 Pfiffen, ansteigend* pu-pu-pu-pu.
BRUTBIOLOGIE *Baumhöhle oder Spechtloch; 3–6 Eier, 1 Brut; Mai–Jun.*
NAHRUNG *Späht oder lauscht vom Ansitz in Baumkronen nach Wühlmäusen und ähnlicher Beute.*
ÄHNLICHE ARTEN *Steinkauz, Waldkauz.*

Sperlingskauz

Glaucidium passerinum

Der Sperlingskauz ist die kleinste europäische Eule mit kleinem, rundem Kopf und gelben Augen. Er hat keine Ohrbüschel, einen relativ langen Schnabel und einen schmalen Schwanz, den er oft langsam anhebt. Man sieht den Sperlingskauz oft tagsüber, v. a. in der Dämmerung.

BRÜTET IN *Nadel- und Mischwäldern, oft in Randzonen; im Winter gelegentlich im offenen Gelände.*

STIMME *Gesang beim Männchen flötenähnlich; Rufe: 5–10 Pfeiftöne, aufsteigend.*
BRUTBIOLOGIE *Brütet in Baumhöhle oder Nistkasten; 4–7 Eier, 1 Brut; Apr.–Jun.*
NAHRUNG *Kleine Säugetiere, v. a. Wühlmäuse, und meist kleine Vögel bis zur Größe einer Misteldrossel.*
ÄHNLICHE ARTEN *Steinkauz, Raufußkauz.*

RUHT IN *Dornen- und Weidendickichten und Hecken. Brütet v. a. in Nadelwäldern und Windschutzstreifen.*

Waldohreule

Asio otus

Diese große Eule stellt ihre langen Federohren auf, wenn sie wachsam ist. Sie ist nachtaktiv und aufgrund ihrer geheimnisvollen Gewohnheiten kaum zu sehen. Wenn sie entspannt ist, wirkt sie rund und kräftig, ist sie alarmiert, richtet sie sich auf, stellt die Federohren auf und ist so schlank und unverkennbar. Durchzügler sieht man manchmal tagsüber. Man kann sie mit Sumpfohreulen verwechseln, sie fliegen jedoch weniger gaukelnd und gleiten mit ausgebreiteten Flügeln. Das Flügelmuster ist weniger kontrastreich, der weiße Hinterrand fehlt.

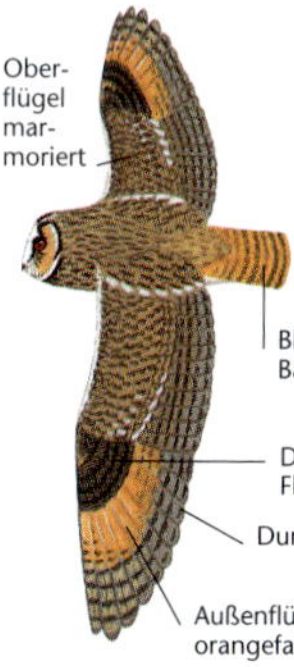

TIPP

Der Vogel hält seine Federohren oft flach, wenn er entspannt ist. Achten Sie deshalb auf die weißen Augenbrauen und die gestrichelte Unterseite.

TIPP

Die Ruheplätze im Winter sind im Dickicht schwer zu entdecken, manchmal sind darunter aber verräterische Kotspritzer und Gewölle zu finden.

STIMME *Gesang ist eine langsame Folge tiefer kurzer Laute,* hu hu hu hu hu; *Jungvögel betteln mit durchdringenden Lauten.*
BRUTBIOLOGIE *Alte Nester von Krähen, Elstern oder Eichhörnchen in Baum, gelegentlich auch unter dichten Büschen; 3–5 Eier, 1 Brut; März–Jun.*
NAHRUNG *Jagt vom Ansitz oder im Flug, fängt kleine Nagetiere oder schlafende Vögel (v. a. im Winter).*
ÄHNLICHE ARTEN *Sumpfohreule, Uhu, Waldkauz.*

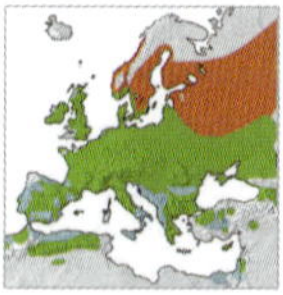

Sumpfohreule

Asio flammeus

Die Sumpfohreule ist eine der wenigen Eulen, die regelmäßig tagsüber zu sehen ist, und oft jagt sie wie eine Weihe in gaukelndem Flug über Grasland, Heiden und Sümpfen. An ihrem wellenförmigen Flug und dem runden Kopf kann man sie jedoch deutlich von Weihen unterscheiden. Ihre dunkel umrandeten Augen verleihen ihr einen düsteren Gesichtsausdruck. Im Flug ähnelt sie der Waldohreule, die jedoch selten tagsüber jagt. Sie hat aber einen hellen Bauch und Flügel-Hinterrand und einen deutlich gebänderten Schwanz.

JAGT ÜBER *Grasland verschiedenster Art, Marschen, Heiden, Mooren und jungen Aufforstungen. Brütet im Süden des Verbreitungsgebietes unregelmäßig, abhängig von Mäusepopulationen.*

TIPP

Eine Eule hat große Flügel, aber ein geringes Körpergewicht. Deshalb ist ihr Flug leicht und gaukelnd. Das wird bei der Sumpfohreule deutlich, wenn sie im wellenförmigen Gleitflug über den Boden fliegt und ihre Flügel wie ein flaches »V« hält. Sie kann sehr hell aussehen, die dunklen Flecken nahe den Flügelenden unterscheiden sie aber von der Schleiereule.

STIMME *Nasal bellend* kie-eff *oder heiser peitschend* ki-ou; *Gesang im Balzflug tief, weich und schnell* bu-bu-bu-bu.
BRUTBIOLOGIE *Mulde auf dem Boden, meist in Dickicht; 4–8 Eier, 1–2 Bruten; Apr.–Jul.*
NAHRUNG *Jagt im Flug oder vom Ansitz, oft tagsüber; fängt kleine Nagetiere, v. a. Wühlmäuse, andere Säugetiere und Vögel.*
ÄHNLICHE ARTEN *Waldohreule, Schleiereule, Waldkauz, Weihen (Weibchen).*

Waldkauz

42

Strix aluco

Der Waldkauz besiedelt Waldland und ist rein nachtaktiv. Er ist für sein kurzes, lautes ku-wit bekannt, das man oft nach Eintritt der Dämmerung hört. Er ist gut getarnt und schwer zu sehen, wenn er in den Bäumen sitzt, es sei denn, Kleinvögel attackieren ihn.

JAGT IN *unterschiedlichen Wäldern, bewaldetem Agrarland, auch in Parks und großen Gärten mit Bäumen, in Städten.*

STIMME *Laut, erregt* ku-wit *oder* ki-jip; *langer Gesang,* hu-hu-huuu huu-hu-hu.
BRUTBIOLOGIE *Höhle in Baum, Gebäude oder Krähennest; 2–5 Eier, 1 Brut; Apr.–Jun.*
NAHRUNG *Schlägt Mäuse, Frösche, Käfer und Würmer am Boden, schlafende Vögel.*
ÄHNLICHE ARTEN *Waldohreule, Habichtskauz, Raufußkauz.*

Uhu

Bubo bubo

Der massige Uhu ist sehr bekannt und einer der kräftigsten Jäger Europas. Er ist fast ausschließlich nachtaktiv und am Sitzplatz überraschend schwer zu sehen. Der Uhu ähnelt der Waldohreule, hat aber weiter auseinanderstehende Federohren und ist viel größer.

LEBT V.A. IN *Gebirgen mit Felshängen, Schluchten, Felsbändern oder großen, alten Bäumen zum Brüten.*

STIMME *Tiefes, gedämpftes* u-hu, *sehr weit zu hören; bellende Alarmrufe.*
BRUTBIOLOGIE *Kahle Mulde in Baum oder auf Felsband; 2–3 Eier, 1 Brut; Apr.–Mai.*
NAHRUNG *Säugetiere von Wühlmäusen bis zu Hasen; Vögel wie Krähen, Tauben.*
ÄHNLICHE ARTEN *Waldohreule, Waldkauz, Mäusebussard.*

Schleiereule 43

Tyto alba

Diese auffallend helle Eule mit herzförmigem Gesichtsschleier und schwarzen Augen sieht man oft tagsüber, v. a. wenn sie ihre Jungen füttert. Im Westen hat sie eine weiße Brust, im Osten eine beigefarbene.

BRÜTET UND *jagt in offenem Gelände, von Agrarland bis zu Marschen, Mooren und jungen Aufforstungen.*

STIMME *Zischende, schnurrende Laute vom Nest, wie* schrrriii; *Warnruf schrill, quietschend.*
BRUTBIOLOGIE *Großes Loch in Baum oder Gebäude; 4–7 Eier, 1 Brut; Mai–Jun.*
NAHRUNG *Jagt vom Ansitz oder im Flug Mäuse, Ratten, Wühlmäuse, Vögel.*
ÄHNLICHE ARTEN *Sumpfohreule, Waldkauz.*

Merlin

Falco columbarius

Der Merlin ist ein kleiner, agiler und gedrungener Falke des offenen Landes. Er fliegt meist schnell und niedrig über dem Boden und verfolgt seine Beute mit raschem, wendigem Flug. Der Merlin sitzt meist am Ansitz auf Pfosten und Felsen und hält nach Beute Ausschau.

BRÜTET IN *Mooren, in der nördlichen Tundra und in Nadelwäldern. Im Winter im Tiefland auf Weiden, in Marschen und Feldern.*

STIMME *Männchen ruft rasch und durchdringend* kik-kik-ki-kik; *außerhalb der Nestumgebung und im Winter schweigsam.*
BRUTBIOLOGIE *Kahle Mulde zwischen Heidekraut im Boden; 3–6 Eier, 1 Brut; Apr.–Jun.*
NAHRUNG *Schlägt kleine Vögel im Flug; fängt größere Insekten wie Käfer und Nachtfalter.*
ÄHNLICHE ARTEN *Baumfalke, Wanderfalke.*

Rötelfalke

Falco naumanni

JAGT IN *Südeuropa über heißem, offenem Gelände. Brütet gesellig in Gebäuden, Ruinen und an Felswänden. Außerhalb seines normalen Verbreitungsgebietes sehr selten.*

Der Bestand des geselligen, vorwiegend Insekten fressenden Rötelfalken hat in den letzten Jahrzehnten dramatisch abgenommen. Er ist vom Turmfalken schwierig zu unterscheiden, v. a das Weibchen. Beide Arten rütteln, um ihre Beute am Boden zu fixieren. Der Rötelfalke ist etwas kleiner, hat eine gedrungenere Gestalt und kürzere Flügel. Das Männchen ist an seinem einfarbigen Rücken und dem blaugrauen Flügelfeld leichter zu bestimmen.

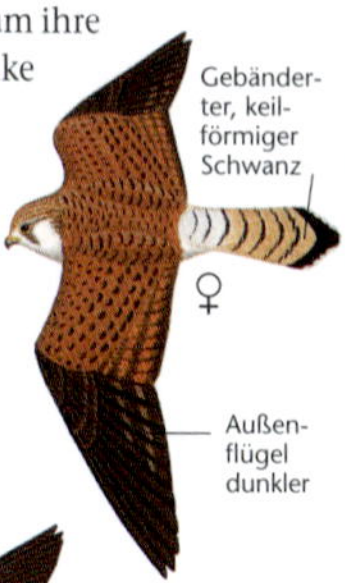

TIPP

Ein Rötelfalke rüttelt nicht so lange wie ein Turmfalke und hat einen leichteren, schnelleren Flug mit flacheren Flügelschlägen.

STIMME *Rascher und rauer dreisilbiger Ruf tschä-tschä-tschä; schwatzende Laute.*
BRUTBIOLOGIE *Eier auf Felsbändern oder in Höhlungen, in lockeren Kolonien; 3–6 Eier, 1 Brut; Apr.–Jul.*
NAHRUNG *Fängt v. a. Insekten in der Luft, folgt oft Schwärmen, oder erbeutet sie am Boden, häufig aus dem Rüttelflug; auch kleine Säugetiere, Reptilien und Vögel.*
ÄHNLICHE ARTEN *Turmfalke.*

Turmfalke

Falco tinnunculus

Dieser weit verbreitete Falke offener Landschaften ist vielen bekannt, weil er oft von Straßen aus rüttelnd zu beobachten ist. Im Norden seines Verbreitungsgebietes ist dieses Verhalten fast einzigartig. Zwar rütteln auch andere jagende Vögel, aber nie so lange. Das kleinere Männchen hat einen blaugrauen Kopf und Schwanz, während die Oberseite des Weibchens überall braun mit schwarzen Flecken ist.

LEBT IN *unterschiedlichsten Lebensräumen, von Städten bis in Gebirgsregionen. Häufig in Waldland, Heiden und Grasland.*

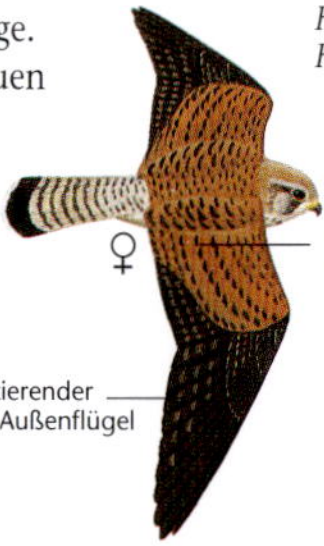

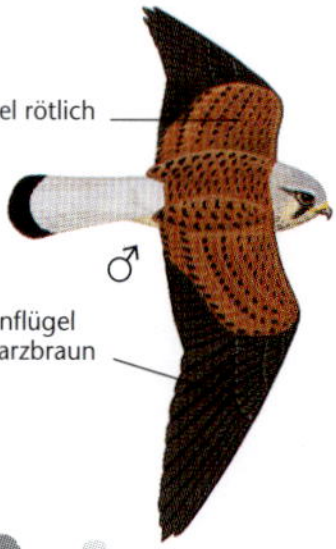

TIPP

Ein rüttelnder Turmfalke ist meist unverkennbar, v.a. in Nordeuropa, außerhalb des Verbreitungsgebietes des Rötelfalken. Turmfalken können jedoch auch hoch aufsteigen und jagen oft vom Ansitz oder in kurzen Jagdflügen, ähnlich wie Sperber. Sie wirken schlanker als Rötelfalken, mit längeren, spitzeren Flügeln.

STIMME *Nasal klagend und weinerlich* kiii-eee-eee *in vielen Variationen, v.a. am Nest.*
BRUTBIOLOGIE *Auf Felsenbändern, in Steinbrüchen, Ruinen oder auf hohen Fensterbänken, in alten Krähennestern und Baumhöhlen; 4–6 Eier, 1 Brut; März–Jul.*
NAHRUNG *Fängt kleine Säugetiere, v.a. Wühlmäuse, nach Rüttelflug; auch Käfer, Eidechsen, Würmer und kleine Vögel.*
ÄHNLICHE ARTEN *Rötelfalke, Sperber, Merlin.*

BRÜTET IN *alten Krähennestern. Jagt über offenem Gelände, auch Agrarland mit Bäumen, Heidegebieten und Gegenden mit Teichen und Gräben, wo er fliegende Insekten fangen kann.*

Baumfalke

Falco subbuteo

Dieser dynamische Jäger, der schnell genug ist, Libellen, Schwalben und sogar Mauersegler zu fangen, ist die kleinere, schlankere Ausgabe des Wanderfalken. Kein anderer Vogel übertrifft ihn beim Jagen an Eleganz. Er jagt abwechselnd im Gleitflug und mit plötzlichen Drehungen und Geschwindigkeitsänderungen. Ein Altvogel ist oberseits tiefgrau mit dunkler Kappe und Bartstreif, der zu den hellen Wangen und der Kehle scharf kontrastiert.

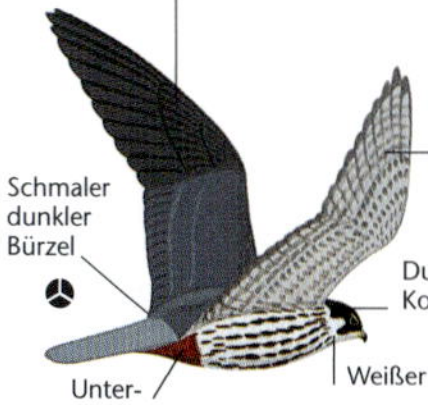

TIPP

Mit seinen langen, spitzen Flügeln und dem kurzen Schwanz ähnelt der Baumfalke im Flug ein wenig einem Mauersegler. Er stößt oft wie ein Wanderfalke mit angelegten Flügeln herab, ist aber viel schmaler und unterseits gestreift, nicht gebändert. Er jagt oft über Feuchtgebieten mit Teichen und Gräben, fängt Libellen mit den Füßen und frisst sie im Flug.

STIMME *Pfeifen, wie kju-kju-kju.*
BRUTBIOLOGIE *Legt Eier in Nester von Krähen oder anderen Rabenvögeln; 2–3 Eier, 1 Brut; Jun.–Aug.*
NAHRUNG *Fängt schnell fliegende Kleinvögel wie Schwalben im Flug; viele große fliegende Insekten wie Libellen und Käfer.*
ÄHNLICHE ARTEN *Wanderfalke, Merlin, Turmfalke.*

Wanderfalke

15

Falco peregrinus

Der große, kräftige Wanderfalke ist ein Vogeljäger. Er ist für seine Sturzflüge bekannt, bei denen er in der Luft seine Beute tötet. Wenn er jagt, kreist er oft in großer Höhe. Bei näherer Betrachtung sieht man seine eng gebänderte Unterseite, die gelben Beine und den dunklen Bartstreif unter den schwarzen, gelb umrandeten Augen. Er sitzt meistens am Ansitz und wirkt massig und breitschultrig.

BRÜTET IM *Hügelland und an felsigen Küsten, zunehmend auch in Städten. Jagt im Winter über Flussmündungen und Feuchtgebieten.*

TIPP

Ein Wanderfalke versetzt mögliche Beutevögel oft in Panik. Wenn Sie eine plötzliche Aufruhr wahrnehmen, schauen Sie in den Himmel.

STIMME *Laute raue Rufe am Nest, wie kehliges* häák-häák-häák-häák *und weinerliches* kii-kii-kii *oder* wiiii-ip.
BRUTBIOLOGIE *Legt Eier auf breitem Felsband oder in kleiner Mulde in einem Steinbruch, seltener auf einem Gebäude oder am Boden; 2–4 Eier, 1 Brut; März–Jun.*
NAHRUNG *Schlägt drossel- bis taubengroße Vögel, manchmal auch größere, im Angriff von unten, in einer Hetzjagd oder durch Herabstoßen.*
ÄHNLICHE ARTEN *Baumfalke, Turmfalke, Merlin.*

JAGT IN *verschiedenen Lebensräumen, von dichten Wäldern bis zu Städten. Brütet in bewaldetem Agrarland und Wäldern.*

Sperber

Accipiter nisus

Der Sperber ist ein kleiner, schneller Vogeljäger, der daran angepasst ist, seine Beute im Wald zu verfolgen. Er hat kurze, breite Flügel und einen langen Schwanz, mit dem er hervorragend steuern kann. Er erscheint oft niedrig und in von raschen Flügelschlägen unterbrochenem Gleitflug, schwenkt plötzlich und verschwindet in einer Lücke im Dickicht. Das Männchen ist wesentlich kleiner als das Weibchen, oberseits blaugrau und unterseits kräftig orangerot. Das Weibchen ist oberseits brauner und unterseits grau gebändert.

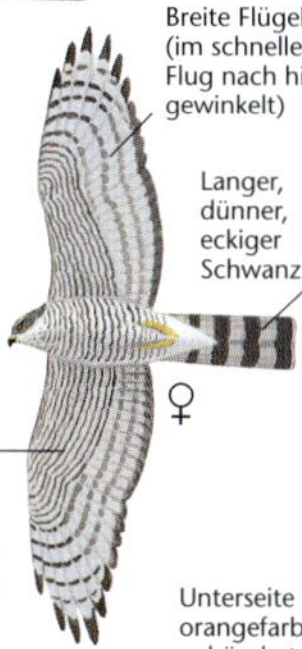

TIPP

Sperber bringen ihre Beute oft zu einem regelmäßigen Ansitz, wo sie sie rupfen und zerlegen. Der Ansitz ist oft leicht zu entdecken, da darunter Federn und Beutereste liegen.

STIMME *Wiederholt* kek-kek-kek-kek, *dünn und weinerlich* piiii-iii; *sonst schweigsam.*
BRUTBIOLOGIE *Kleine Plattform aus dünnen Zweigen auf einem waagrechten Ast nahe am Stamm; 4–5 Eier, 1 Brut; März–Jun.*
NAHRUNG *Jagt kleine Vögel; streicht an Hecken und Waldrändern entlang, auch in Gärten, und überrascht Beute; Männchen schlagen v. a. Meisen und Finken, Weibchen Drosseln und Tauben.*
ÄHNLICHE ARTEN *Turmfalke, Habicht.*

Habicht

Accipiter gentilis

Der Habicht ist dem Sperber sehr ähnlich, aber größer. Er jagt wie dieser in Wäldern und v. a. das Weibchen, das so groß ist wie ein Bussard, ist kräftig genug, einen Fasan zu erbeuten. Das Männchen ist viel kleiner, etwa so groß wie ein großes Sperber-Weibchen. Beide Arten sind oft schwer zu unterscheiden, der Habicht hat jedoch längere Flügel und einen gedrungeneren Körper. Habichte sind im dichten Wald oft schwer zu sehen. Am besten kann man sie im Frühjahr beobachten, wenn sie über ihren Brutgebieten kreisen.

JAGT UND *brütet in bewaldetem Agrarland, Wäldern und im Hochland mit Nadelbäumen. Im Winter z. T. in offenerem Gelände.*

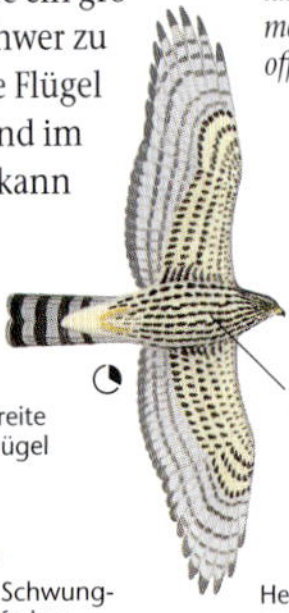

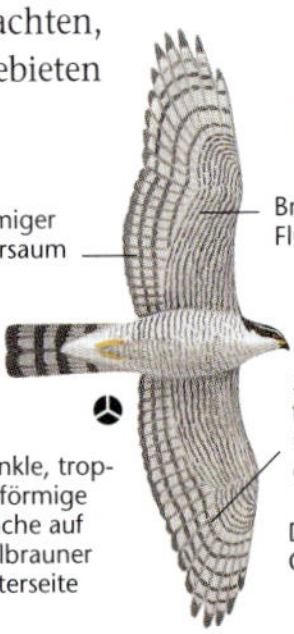

TIPP

Der Habicht hat auffälligere weiße Unterschwanzdecken als der Sperber, die oft sichtbar sind, wenn er am Himmel kreist.

STIMME *Spechtähnlich nasal* gek-gek *und* pi-äh.
BRUTBIOLOGIE *Nest bemerkenswert großer Haufen aus Zweigen und Pflanzen nahe am Stamm in einem hohen Baum; 2–4 Eier, 1 Brut; März–Jun.*
NAHRUNG *Jagt in Wäldern oder auf Lichtungen, fängt drossel- bis krähengroße Vögel wie Tauben und Hühner; auch Kaninchen und Eichhörnchen.*
ÄHNLICHE ARTEN *Sperber, Mäusebussard.*

Wiesenweihe

Circus pygargus

BRÜTET IN *Heideland, Feuchtgebieten und Getreidefeldern. Im Winter in Afrika.*

Die Wiesenweihe ist meist schwer von der Kornweihe zu unterscheiden, sie ist jedoch zierlicher und mehr ans Ackerland gebunden. Sie hat ein typisches schwarzes Band auf dem Innenflügel und schmälere Flügel mit langer Spitze.

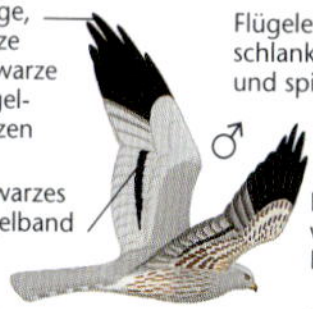

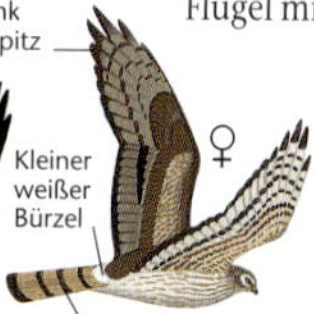

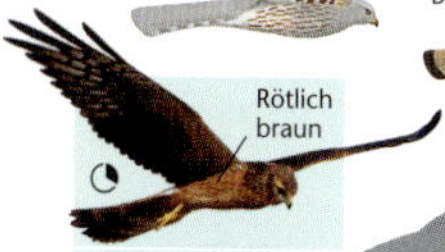

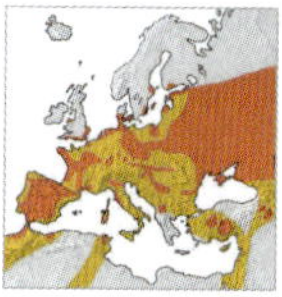

STIMME *Hohes, helles* jik-jik-jik *vom Männchen,* ek-ek-ek *vom Weibchen.*
BRUTBIOLOGIE *Nest aus Halmen und Gräsern am Boden; 4–5 Eier, 1 Brut; Apr.–Jun.*
NAHRUNG *Jagt kleine Säugetiere, Reptilien und kleine Vögel am Boden oder in Bodennähe.*
ÄHNLICHE ARTEN *Korn-, Rohrweihe (♀).*

Kornweihe

Circus cyaneus

JAGT IM *Sommer über Heiden, Mooren, im Winter über Küstensümpfen oder niedrig gelegenem Grasland.*

Männchen und Weibchen sehen wie bei der ähnlichen, schlankeren Wiesenweihe sehr unterschiedlich aus. Das hellgraue Männchen ist einfacher zu bestimmen als das Weibchen. Beide gleiten mit flacheren Flügeln als andere Weihen. Das Männchen ist im Winter die einzige graue Weihe in Europa.

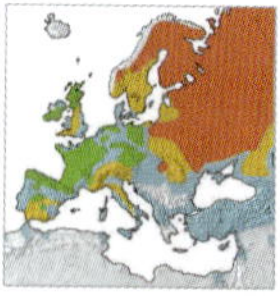

STIMME *Am Nest Weibchen laut* wiik-iik-ik-ik-ik, *Männchen* tschektscheke kekekek.
BRUTBIOLOGIE *Nest aus Halmen am Boden in Röhricht; 4–6 Eier, 1 Brut; Apr.–Jun.*
NAHRUNG *Jagt niedrig über Feuchtgebieten Kleinvögel, Mäuse, Frösche.*
ÄHNLICHE ARTEN *Wiesenweihe, Sumpfohreule.*

Rohrweihe

Circus aeruginosus

HÄLT ÜBER *Feuchtgebieten und flachem Land in Küstennähe nach Beute Ausschau. Brütet im Schilf, Gras oder Getreide.*

Die Rohrweihe ist die größte Weihe und hat das dunkelste Gefieder. Wenn sie am Himmel kreist, kann man sie mit einem Mäusebussard oder Schwarzmilan verwechseln. Das Gefieder des Männchens ist teilweise grau, jedoch wesentlich brauner als das des Kornweihen-Männchens. Das Weibchen ist oberseits dunkelbraun mit hellen Flecken am Kopf. Junge Männchen sehen fast genauso aus, haben aber keinen hellen Flügelfleck. Rohrweihen gleiten wie alle Weihen mit V-förmig angehobenen Flügeln.

TIPP

Die Rohrweihe ist im Segelflug schwer zu bestimmen, hat aber schmalere Flügel als ein Bussard und keinen gedrehten Schwanz wie der Schwarzmilan.

STIMME *Schrill* ki-ju; *keckernd* kjek-ek-ek-ek *oder* kji-ji-ji-ji.
BRUTBIOLOGIE *Plattform aus Halmen in dichtem Schilf über Wasser oder in Getreidefeld; 4–5 Eier, 1 Brut; Apr.–Jul.*
NAHRUNG *Jagt niedrig über Feuchtgebieten, stößt auf kleine Vögel, Kaninchen, andere kleine Säugetiere und Frösche herab; auch Eier und Jungvögel, Aas.*
ÄHNLICHE ARTEN *Kornweihe, Schwarzmilan.*

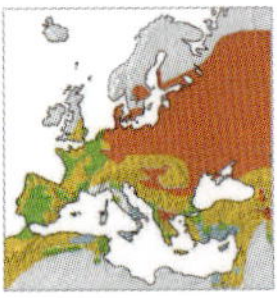

JAGT UND *brütet in bewaldetem Agrarland, in Mooren, Gebirgen und Hochland bei Schluchten und Wäldern. Auch an Küstenfelsen.*

Mäusebussard

Buteo buteo

Der Mäusebussard ist einer der häufigsten und am weitesten verbreiteten europäischen Greifvögel, und man sieht ihn oft mit seinen breiten Schwingen am Himmel kreisen, wenn er nach Beute Ausschau hält. Seine Gefiederfärbung variiert von hellbeige bis schwärzlich braun.

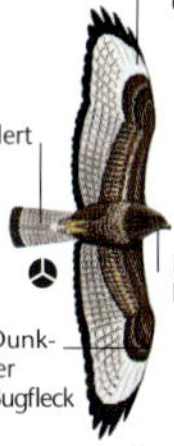

STIMME *Oft zu hören, lautes* hi-äh *oder schwächer* miu*; ruft im Flug oft.*
BRUTBIOLOGIE *Zweignest in Baum, auf Felsband, in Busch; 2–4 Eier, 1 Brut; März–Jun.*
NAHRUNG *Jagt Wühlmäuse, Kaninchen, Käfer, Würmer und Vögel; frisst Aas.*
ÄHNLICHE ARTEN *Wespenbussard, Raufußbussard, Steinadler.*

JAGT IM *Winter über Mooren, Heidegebieten und Feuchtgebieten. Brütet in der Tundra.*

Raufußbussard

Buteo lagopus

Der Raufußbussard ist nach seinen befiederten Beinen benannt, erkennen kann man ihn jedoch besser an seinem weißen Schwanz mit schwarzem Endband und der weiß gefleckten Oberseite. In Westeuropa ist er ein eher seltener Wintergast.

STIMME *Laut klagender Ruf* pii-juh.
BRUTBIOLOGIE *Zweignest auf Felsen oder in Baum; 2–4 Eier, 1 Brut; März–Jun.*
NAHRUNG *Stößt auf kleine Säugetiere, v. a. Wühlmäuse und kleine Kaninchen herab, vom Ansitz oder aus dem Rüttelflug.*
ÄHNLICHE ARTEN *Mäusebussard, Steinadler (Jungvogel).*

Wespenbussard

Pernis apivorus

Der Wespenbussard ist kein eigentlicher Bussard, sondern mit den Milanen verwandt und darauf spezialisiert, Nester von Bienen und Wespen zu plündern. Dabei benutzt er seine Füße, um die Nester auszugraben, bei Bienen auch die mit Honig gefüllten Waben. Altvögel sind oberseits typischerweise grau mit dunklen Rändern an den Flügeln und drei dunklen Schwanzbändern, unterseits weißlich mit vielen kräftigen Streifen und dunklen Bugflecken. Jungvögel sind brauner.

BRÜTET IN *ausgedehnten Wäldern oder bewaldetem Hügelland. Sammelt sich auf dem Durchzug an Meerengen.*

TIPP

Der Wespenbussard ist mit seinem variablen Gefieder schwer zu bestimmen. Am charakteristischsten ist sein kleiner kuckucksähnlicher Kopf.

STIMME *Nicht oft zu hören, pfeifend* piii-hää piii-hä.
BRUTBIOLOGIE *Kleine Plattform aus Zweigen und Pflanzen hoch in Baum, oft auf einem alten Bussard- oder Krähennest; 1–3 Eier, 1 Brut; Apr.–Jun.*
NAHRUNG *Lebt von Wespen und Bienenlarven, Bienenwachs und Honig, die er mit den Füßen ausgräbt; auch andere Insekten, Ameisenpuppen, kleine Säugetiere und Reptilien.*
ÄHNLICHE ARTEN *Mäusebussard, Raufußbussard, Schwarzmilan.*

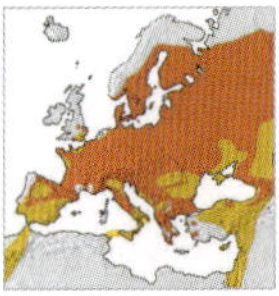

Schwarzmilan

Milvus migrans

SUCHT AN *Flüssen, in offenem Land und an Küsten Nahrung, oft auf Müllkippen. In Teilen seines Verbreitungsgebietes auch in Städten.*

Der Schwarzmilan, der eher matt dunkelbraun als schwarz ist und einen helleren Kopf und Körper hat, ist ein eleganter Greifvogel, der mit leicht gewölbten Flügeln und oft gefächertem Schwanz gleitet und kreist. Er jagt häufig in Flussnähe und greift in eleganten Abschwüngen Nahrung mit den Füßen von der Wasseroberfläche, die er dann in der Luft verzehrt. Er ist sehr anpassungsfähig und in vielen Teilen seines Verbreitungsgebietes sucht er in Städten nach Nahrung, holt Abfälle aus Mülleimern und stielt sie sogar von Marktständen.

TIPP

Milane drehen ihren gefächerten Schwanz im Flug ständig von einer Seite zur anderen. Hat der Vogel dunkle Unterflügel, ist es ein Schwarzmilan.

STIMME *Hoch, lang gezogen, weinerlich* piiie-piiie-ii-i-ii-i.
BRUTBIOLOGIE *Nest aus Zweigen, Erde und Abfall aller Art in Baum; 2–4 Eier, 1 Brut; März–Jun.*
NAHRUNG *Nimmt tote und sterbende Fische aus dem Wasser und an Ufern auf; auch kleine Vögel, Reptilien und Wühlmäuse; Abfälle aller Art und Aas, oft auf Müllkippen.*
ÄHNLICHE ARTEN *Zwergadler (dunkle Form), Rotmilan, Rohrweihe (Weibchen), Wespenbussard (dunkle Form).*

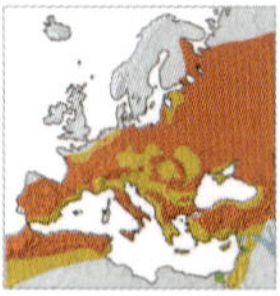

Rotmilan

Milvus milvus

Der lebhafte Rotmilan ist in der Luft elegant und hat einen leichten, beweglichen Flugstil, der wenig Ähnlichkeit hat mit dem des viel dunkleren Schwarzmilans. Es ist nicht schwer, die beiden Arten auseinanderzuhalten, das rostrote Gefieder und die weißen Flügelflecken und schwarzen Flügelspitzen des Rotmilans sind typisch. Der gegabelte Schwanz leuchtet in der Sonne fast orangerot. Wo er häufig ist, erscheint er in großer Zahl an guten Futterquellen.

BRÜTET IN *bewaldeten Tälern, jagt über offenem Land. Im Winter in der Umgebung von Städten und Müllkippen.*

TIPP

Ein Milan ist an den Flügeln und seinem Flugstil vom Bussard zu unterscheiden. Der Rotmilan ist rostbraun und hat helle Flecken am Unterflügel.

STIMME *Hohes, lang gezogenes klagendes oder jammerndes* wiiih-hh-uh, *höher als Mäusebussard.*
BRUTBIOLOGIE *Nest aus Zweigen, Erde und Abfall in Bäumen, meist gut versteckt; 2–4 Eier, 1 Brut; März–Jun.*
NAHRUNG *Lebt von toten Tieren wie Schafen oder Kaninchen; fängt Vögel bis zur Größe einer Krähe oder Möwe; auch Insekten, Würmer und Wühlmäuse.*
ÄHNLICHE ARTEN *Schwarzmilan, Mäusebussard.*

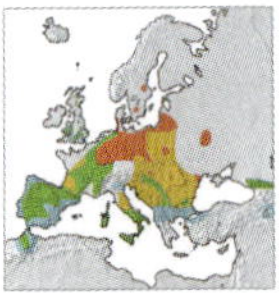

Zwergadler

Hieraaetus pennatus

Der bussardgroße Zwergadler tritt in einer dunklen und einer hellen Form auf, hat aber immer dunkle Handschwingen mit einem hellen Fleck, der von unten sichtbar ist. Außerdem hat er helle Flecken an den Schultern. Er hat geradere Flügel als der Bussard und hält sie im Gleitflug flach.

KREIST ÜBER *Wäldern und warmem, sonnigem Hügelland mit Feldern und Gebüschen, oft in der Nähe von Dörfern. Brütet v. a. in abgelegenen Gebieten mit wenig Störung.*

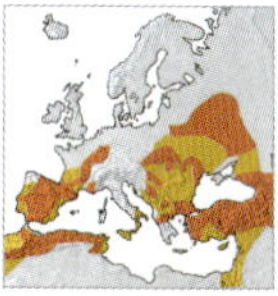

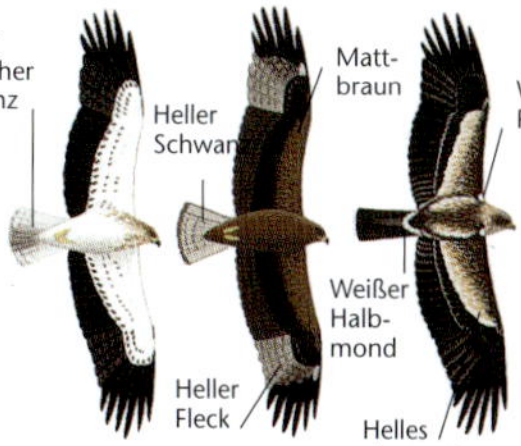

STIMME *Bussardähnlich* hii-ääh; *während der Balz melodische Pfiffe,* kli-kli-kli.
BRUTBIOLOGIE *Nest aus Zweigen in Baum, auf Felsband; 2 Eier, 1 Brut; Feb.–Apr.*
NAHRUNG *Reptilien, Vögel, Säugetiere am Boden, oft nach fast senkrechtem Stoß.*
ÄHNLICHE ARTEN *Schwarzmilan, Habichtsadler (Immatur).*

Schlangenadler

Circaetus gallicus

Dieser große, eindrucksvolle Adler stößt bei der Jagd aus dem Gleitflug in großer Höhe oder einem Rüttelflug mit gefächerten Flügelspitzen und Schwanz herab. Oberseits ist er meist graubraun mit dunklem Kopf und Brust und er hat silbrig weiße Unterflügel mit variablen dunklen Bändern.

JAGT ÜBER *hoch gelegenen offenen Hängen und felsigem Gelände. Im Winter in Afrika.*

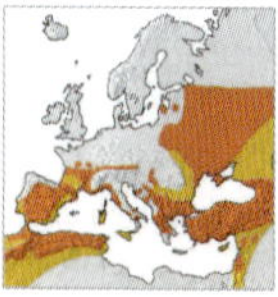

STIMME *Verschiedene kurze, abrupt endende Rufe wie* kio, miiok.
BRUTBIOLOGIE *Massiges Nest aus Zweigen in Baumkrone; 1 Ei, 1 Brut; Apr.–Jun.*
NAHRUNG *Fängt Schlangen und Eidechsen, meist aus dem Rüttelflug.*
ÄHNLICHE ARTEN *Zwergadler (helle Form), Fischadler.*

Fischadler

Pandion haliaetus

Dieser adlerähnliche Greifvogel, der aus der Entfernung einer jungen Möwe überraschend ähnelt, ist daran angepasst, ins Wasser zu tauchen, um Fische zu fangen. Selten sieht man ihn weit vom Wasser entfernt. Wie die meisten Greifvögel sitzt er oft an einem Ansitz und ist an seinem weißen Kopf mit dem schwarzen Augenstreif zu erkennen. Oberseits ist er dunkelbraun, unterseits hell mit schwarzem Bugfleck. Er hält seine Flügel typischerweise angewinkelt wie eine Möwe und rüttelt oft, bevor er mit dem Kopf voran ins Wasser taucht.

FÄNGT IN *Seen, Stauseen, großen Flüssen und Küstengewässern Fische. Brütet hoch in Bäumen oder an Felsen in Wassernähe.*

TIPP

Der Fischadler ist im Flug aus großer Entfernung einer Möwe ähnlich, hat aber einen kürzeren Kopf, breitere Flügel und dunkle Bugflecken.

STIMME *Lautes Kläffen und wiederholt hohes* pji pji pji *am Nest.*
BRUTBIOLOGIE *Nest aus Ästen auf Baum oder Felsen (früher auch auf Ruinen); wird jedes Jahr wieder verwendet und vergrößert, bis es riesige Ausmaße hat; 2–3 Eier, 1 Brut; Apr.–Jul.*
NAHRUNG *Fängt Fische mit den Füßen aus dem Wasser, im Stoßtauchen nach Rüttelflug; jagt manchmal vom Ansitz aus.*
ÄHNLICHE ARTEN *Schlangenadler, Mantelmöwe (Jungvogel).*

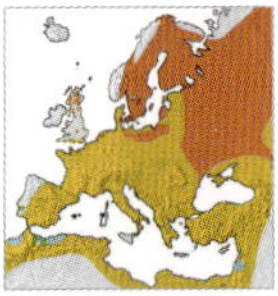

BRÜTET IN *tiefen Schluchten und an Felswänden, jagt in bewaldetem Bergland; Jungvögel jagen zunächst im Tiefland.*

Habichtsadler

Aquila fasciata

Der elegante Habichtsadler vereint die Kraft eines Adlers mit der Geschwindigkeit und Gewandtheit eines Habichts. Wie beim Habicht betont der kleine Kopf die mächtige Brust. Im Flug haben Altvögel eine typische Kombination aus weißlichem Körper und dunklen Flügeln und Oberschwanz. Jungvögel sind unterseits rostbraun mit hellen Schwungfedern, die im Alter dunkler werden. Leider gibt es in Europa mittlerweile nur noch wenige Hundert Brutpaare.

TIPP

Habichtsadler sitzen meist unauffällig am Ansitz, jagen oft niedrig und fangen auffliegende Vögel oder jagen sie wie ein Habicht zwischen den Bäumen. Deshalb sieht man sie selten. Manchmal kreisen sie hoch über ihren Revieren.

STIMME *Bellende oder schrille Laute; meist schweigsam.*
BRUTBIOLOGIE *Massiges Nest aus Zweigen, oft über viele Jahre benutzt und vergrößert, in Felsnische, auf Felsband oder in Steilwand, selten in Baum; 2 Eier, 1 Brut; Feb.–Apr.*
NAHRUNG *Jagt Säugetiere wie Hasen, Kaninchen, Eichhörnchen und Vögel wie Fasane, Krähen und Tauben; jagt oft vom Ansitz, auch in niedrigem Flug, oder stößt aus dem Gleitflug herab.*
ÄHNLICHE ARTEN *Habicht, Zwergadler.*

Steinadler

Aquila chrysaetos

Dieser eindrucksvolle Greifvogel bevorzugt abgelegene Gebirge und Schluchten und meist sieht man ihn nur als Punkt aus weiter Entfernung. Trotzdem erkennt man ihn oft schon an seinem langsamen, kreisenden Flug. Er hält seine langen, breiten Flügel zu einer V-Form angehoben. Noch nicht ausgewachsene Vögel haben an Flügeln und Schwanz ausgedehnte weiße Felder, die später kleiner werden und schließlich verschwinden.

JAGT ÜBER *abgelegenen Gipfeln oder Bergwäldern, seltener an Steilküsten, fern von Siedlungen und Straßen.*

TIPP

Aus der Entfernung, wenn die Größe nicht zu erkennen ist, kann man den Steinadler für einen Bussard halten. Er kreist aber langsamer, hat einen längeren Schwanz und der Kopf ragt weiter vor. Von Nahem sind seine Unterflügel breiter, dunkler und weniger stark gemustert.

STIMME *Gelegentlich schrille Rufe und Pfeifen,* twii-u.
BRUTBIOLOGIE *Das Nest ist ein großer Hafen aus Zweigen, mit Wolle und Pflanzen ausgekleidet, auf einem Felsband oder in einer alten Kiefer; 1–3 Eier, 1 Brut; Feb.–Jun.*
NAHRUNG *Jagt Raufußhühner, Krähen, Hasen, Kaninchen und Murmeltiere, meist, indem er aus niedrigem Flug herabstößt; im Winter vorwiegend Aas wie tote Schafe, Rehe, Gämsen.*
ÄHNLICHE ARTEN *Mäusebussard, Seeadler, Gänsegeier.*

Schmutzgeier

Neophron percnopterus

Mit seinem schwarz-weißen Gefieder ähnelt der Schmutzgeier im Flug dem Weißstorch, hat aber einen viel kürzeren Hals. Altvögel besuchen Europa im Sommer. Die dunkelbraunen Jungvögel sind viel seltener, sie bleiben die ersten Jahre meist in Afrika.

GLEITET ÜBER *bewaldetes Bergland, Schluchten und Felswände. Sucht oft auf Müllhalden nach Nahrung.*

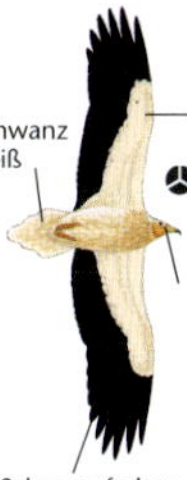

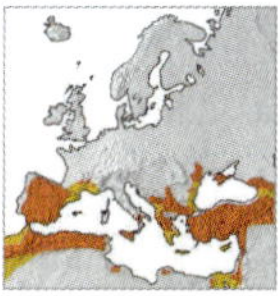

STIMME *Schweigsam.*
BRUTBIOLOGIE *Nest aus Zweigen, Knochen und Abfall auf einem Felsband oder in einer kleinen Höhlung; 1–3 Eier, 1 Brut; Apr.–Jun.*
NAHRUNG *Ernährt sich von Abfällen aller Art und Aas; nimmt auch Eier, etwa von Pelikanen.*
ÄHNLICHE ARTEN *Weißstorch, Steinadler.*

Seeadler

Haliaeetus albicilla

Der Seeadler hat mit seinen sehr langen, brettartigen Flügeln und seinem kurzen Schwanz im Flug eine typische Silhouette. Altvögel haben einen hellen Kopf mit riesigem gelbem Schnabel und einen leuchtend weißen Schwanz, Jungvögel sind überall dunkler. Der Seeadler ist mittlerweile selten.

JAGT IM *Sommer über Felsenküsten und abgelegenen Feuchtgebieten. Im Winter v. a. in weiten Küstenebenen.*

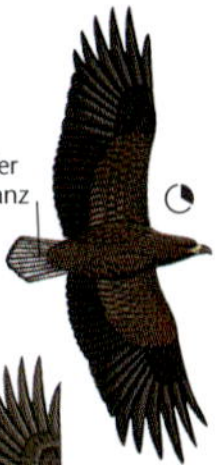

STIMME *Im Sommer schrille Rufe am Nest.*
BRUTBIOLOGIE *Haufen aus Ästen auf Felsband, in Baumkrone; 2 Eier, 1 Brut; März–Jul.*
NAHRUNG *Holt kranke und tote Fische mit den Füßen aus dem Wasser; fängt Seevögel und Hasen; auch Aas.*
ÄHNLICHE ARTEN *Steinadler, Gänsegeier, Mönchsgeier.*

Gänsegeier

Gyps fulvus

SEGELT ÜBER *offenem Land, von Tiefland bis ins Hochgebirge. Brütet an Felsen oder in Schluchten.*

Der Gänsegeier ist ein massiger, langflügeliger und kurzschwänziger Vogel, der aufsteigende warme Luft nutzen kann, um große Entfernungen ohne Flügelschläge zurückzulegen. Im Flug ist er auf Ober- und Unterseite zweifarbig, mit einem typischen Kontrast zwischen dem kaffeebraunen Körper und Flügeldecken und den dunkleren Schwungfedern. Sein fast kahler Kopf wirkt klein und blass. Meistens sitzt er auf Felsen am Ansitz, besonders morgens, und wartet darauf, dass die Sonne warme Aufwinde erzeugt.

TIPP

Der Gänsegeier scheint beim Gleiten seine Gestalt zu verändern. Von unten wirken seine Flügel gerade abgeschnitten, aus anderen Blickwinkeln spitz.

STIMME *Schweigsam, nur raues Zischen am Aas.*
BRUTBIOLOGIE *Nest auf kahlen Felsbändern in einer Schlucht oder in hohen Wänden, in lockeren Kolonien von zehn oder mehr Paaren; 1 Ei, 1 Brut; Apr.–Jul.*
NAHRUNG *Ernährt sich ausschließlich von Aas (Schafe, Ziegen und kleinere Tiere wie Kaninchen); wird oft an speziellen Futterplätzen gefüttert.*
ÄHNLICHE ARTEN *Mönchsgeier, Steinadler.*

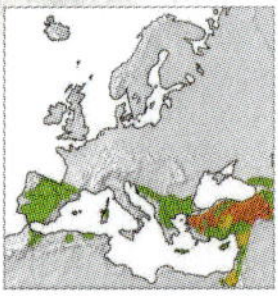

LEBT IN *Bergregionen und im Hochland mit Mischwald sowie in Gebieten mit offenem Boden.*

Mönchsgeier

Aegypius monachus

Der Mönchsgeier ist einer der größten flugfähigen Vögel der Erde. Er hält seine sehr breiten, fast rechteckigen Flügel flach, wenn er in Aufwinden segelt, und sieht aus wie ein Brett. Er ist weniger elegant als der ähnliche Gänsegeier, wirkt aber beeindruckend. Sein kurzer Schwanz ist keilförmig und sein heller Kopf und die Füße heben sich vom schwarzbraunen Gefieder ab. Anders als der Gänsegeier sitzt er eher auf Bäumen als auf Felsen am Ansitz. Auch am Boden ist er häufig, v. a. an Futterquellen. Meist sieht man ihn jedoch in der Luft, wo er stundenlang majestätisch kreist.

TIPP

Auch aus großer Entfernung kann man den Mönchsgeier an seinen beim Gleiten flach gehaltenen Flügeln erkennen. Der Gänsegeier hebt seine weniger rechteckigen Flügel V-förmig an.

STIMME *Meist schweigsam; zischt und krächzt, wenn er Aas frisst.*
BRUTBIOLOGIE *Großes Nest aus Ästen in flachem Baumwipfel, manchmal auf Felsband; 1 Ei, 1 Brut; Apr.–Jun.*
NAHRUNG *Frisst v. a. Aas von mittelgroßen bis großen Tieren; erbeutet manchmal schwache oder kranke Tiere; wird an speziellen Futterplätzen gefüttert.*
ÄHNLICHE ARTEN *Gänsegeier, Steinadler.*

Glossar

Einige der erklärten Begriffe sind in der allgemeinen Einleitung (S. 6–11) illustriert. Anatomische Ausdrücke finden sich v. a. auf den Seiten 6–7.

- **ALTVOGEL** Ein erwachsener Vogel, der geschlechtsreif ist und dessen Gefiederfärbung sich mit dem Alter nicht mehr ändert.

- **ARMSCHWINGEN** Lange Flügelfedern, die im Bereich des Armknochens sitzen und als Schwungfedern beim Fliegen entscheidend mitwirken. Armschwingen machen den inneren, hinteren Flügelteil aus.

- **ART** Eine Gruppe von Individuen, die sich miteinander fortpflanzen und fruchtbare Nachkommen erzeugen. Auch Individuen verschiedener Arten können sich miteinander fortpflanzen, doch tritt das normalerweise nicht ein, allenfalls in Kontaktzonen zweier nah verwandter Arten.

- **AUGENFLECK** Ein farbiger Fleck um das Auge, oft in Form einer Maske, der breiter ist als ein Augenstreif.

- **AUGENRING** Ein dünner, unbefiederter Ring um das Auge, oft mit typischer Färbung.

- **AUGENSTREIF** Ein Streifen in einer bestimmten Farbe, der vor und hinter dem Auge verläuft.

- **AUSSENFLÜGEL** Die äußere Hälfte des Flügels, der die Handschwingen, deren Deckfedern und die Alula, den Daumenfittich, einschließt.

- **BEDROHT** Eine Art kommt in sehr kleiner Zahl oder in einem sehr kleinen Gebiet vor oder ist an einen Lebensraum gebunden, der zu verschwinden droht. Deshalb ist der Fortbestand der Art nicht gesichert.

- **BESTANDSRÜCKGANG** Wenn Populationen über einige Jahre hinweg ständig zurückgehen.

- **BRUT** Junge, die aus einem Gelege stammen und zusammen ausgebrütet wurden.

- **DECKFEDERN** Kleine Federn, die am Vogelkörper etwas bedecken, z. B. Handdecken, Armdecken, Ohrdecken.

- **DURCHZÜGLER** Vogel, der nur zu den Zugzeiten in einem Gebiet auftaucht, meist nur kurze Zeit anwesend ist, sich manchmal aber auch länger aufhält.

- **FAMILIE** Eine Kategorie der Klassifikation, die nah verwandte Arten zusammenfasst; sie steht über der Gattung.

- **FEDEROHREN** Federbüschel auf dem Kopf von Eulen, die als Signal aufgestellt werden können und vielleicht zur Tarnung dienen.

- **FLÜGELBINDE** Bei geschlossenen Flügeln ein farbiges Band quer über den Deckfedern, bei ausgebreiteten Schwingen eine Binde oder ein Streifen.

- **GATTUNG** Kategorie der Klassifikation, die mehrere nah verwandte Arten zusammenfasst. Die erste Bezeichnung des lateinischen Namens einer Art gibt die Gattung an, zu der die Art gehört, bei vielen Möwen z. B. der Gattungsname *Larus* (etwa bei *Larus fuscus*). Mehrere Gattungen können eine Familie bilden.

- **GEBÄNDERT** Streifung in Querrichtung zur Körperlängsachse.

- **GEFÄHRDET** Eine Art, die möglicherweise bedroht ist, weil sie an ein begrenztes Gebiet gebunden ist oder nur in kleiner Zahl vorkommt.

- **GESANG** Stimmliche Lautäußerung, die für die einzelne Art typisch ist und eingesetzt wird, um ein Revier zu markieren und Partner anzulocken.

- **GESTREIFT** Streifung in Längsrichtung des Körpers.

- **HANDSCHWINGEN** Die langen Schwungfedern, die im Bereich der Handknochen sitzen und die die Spitze und den Hinterrand des Flügels bilden.

- **HINTERFLÜGEL** Der hintere Teil des Flügels, der die Armschwingen einschließt und oft eine bestimmte Farbe oder ein bestimmtes Muster hat.

- **IMMATUR** Stadium zwischen Jung- und Altvogel, das meist am Gefieder erkennbar ist. Der Vogel trägt nicht mehr das Jugendkleid, aber auch noch nicht das Alterskleid. Tritt die Geschlechtsreife erst nach mehreren Jahren ein, kann man oft mehrere Immaturkleider unterscheiden, die dem Alterskleid nach jeder Mauser ähnlicher werden.

- **INNENFLÜGEL** Der innere Teil des Flügels, der die Armschwingen und die zugehörigen Deckfedern umfasst.

- **JUNGVOGEL** Vogel, der noch nicht erwachsen ist, oder ausgewachsener Vogel, der noch das Jugendkleid trägt.

- **KOLONIE** Gruppe von geselligen Vögeln, die gemeinsam brüten; besonders Seevögel, aber auch andere wie Uferschwalben und Saatkrähen.

- **LOKALES VORKOMMEN** Mehr als 90 % der Population kommen in zehn oder weniger begrenzten Gebieten vor.

- **MAUSER** Federwechsel, bei dem jede ausfallende Feder durch eine neue, an derselben Stelle nachwachsende ersetzt wird; die meisten Vögel haben jährlich eine teilweise und eine vollständige Mauser.

- **OBERFLÜGEL** Die Oberseite des Flügels, die im Flug deutlich sichtbar, im Sitzen aber meist größtenteils verdeckt ist.

- **ORDNUNG** Kategorie der Klassifikation, die über der Familie steht. Mehrere Familien können zu einer Ordnung gehören. Diese Gruppierung ist meist spekulativer als die Familien.

- **RUF** Stimmliche Lautäußerung, oft typisch für eine Art, wird in spezifischen Situationen geäußert.

- **SCHNATTERN** Nahrung wird mit schnellen Schnabelbewegungen mit kammartigen Zähnchen am Schnabelrand aus dem flachen Wasser gesiebt.

- **SCHWUNGFEDERN** Hand- und Armschwingen, also die großen Flügelfedern, die den größten Teil der Flügelfläche bilden.

- **SELTEN** Art kommt in kleinen Zahlen oder geringer Dichte vor.

- **SINGFLUG** Ein Flug mit oft charakteristischem Muster, der mit einem Gesang zur Reviermarkierung verbunden wird.

- **SPIEGEL** Ein farbiges Flügelfeld, beispielsweise bei Gründelenten.

- **TARNKLEID** Gefiederfärbung, mit der ein Vogel in seinem Lebensraum schwer zu sehen ist.

- **TROMMELN** Geräusch, das ein Specht erzeugt, wenn er mit seinem Schnabel sehr schnell gegen einen harten Gegenstand klopft.

- **ÜBERAUGENSTREIF** Ein farbiger Streifen, der über dem Auge verläuft.

- **UNTERART** Eine unterscheidbare Gruppe innerhalb einer Art, die geografisch isoliert, aber in der Lage ist, sich mit Individuen derselben Art zu kreuzen.

- **VORDERFLÜGEL** Der vordere Teil des Flügels mit den äußeren Handschwingen und den Rand-, Kleinen und Mittleren Decken.

- **ZUGVOGEL** Ein Vogel, der regelmäßig im Jahreslauf Wanderungen zwischen einem Brutplatz und einem Aufenthaltsgebiet außerhalb der Brutzeit (meist Winterquartier) unternimmt.

Register

I, J

K

L

M

N

O

P

Dank & Bildnachweis

FÜR DIE NEUAUSGABE
Für die Neuausgabe dankt Dorling Kindersley Mohd Rizwan und Jagtar Singh für die DTP-Assistenz und Deepak Negi und Rituraj Singh für die Assistenz bei der Bildrecherche.

FÜR DIE ERSTE AUSGABE
Dorling Kindersley dankt:

DK LONDON / DELHI
Bildredaktion und Gestaltung Ina Stradins, Rajen Shah, Phil Ormerod, Shefali Upadhyay, Elizabeth Thomas, Sukanto Bhattacharjya, Sunil Sharma, Shuka Jain, Pankaj Sharma
Lektorat Angeles Gavira, Liz Wheeler, Jonathan Metcalf, Ranjana Saklani, Glenda Fernandes, Ira Pande
Illustrationen Andrew Mackay
Herstellung Elizabeth Cherry
Kartografie Suresh Kumar

DORLING KINDERSLEY dankt Umesh Aggarwal, Balwant Singh, Jessica Subramanian und Narender Kumar für die Assistenz beim DTP-Design und Rimli Borooah für das Erstellen des Registers.

Bildnachweis
Bildarchiv: Richard Dabb
Bildrecherche: Anna Bedewell, Carolyn Clerkin und Ben Hoare

Abkürzungen: g = ganz, o = oben, u = unten, m = Mitte, l = links, r = rechts

123RF.com: Dennis Jacobsen 201 (mlu), kuningaskotka 13 (mu), 24 (ca), 115 (mru), Thawat Tanhai 132 (mlo), utopia88 157 (mr), Dennis van de Water 157 (mu) (Küken). **Alamy Stock Photo:** AGAMI Photo Agency / Peter Morris 165 (mu), AGAMI Photo Agency / Rafael Armada 60 (mro), AGAMI Photo Agency / Ralph Martin 138 (mlu), AGAMI Photo Agency / Vincent Legrand 115 (mu), Arterra Picture Library / Arndt Sven-Erik 145 (mu), Robert Bannister 98 (mro), 173 (mlo), blickwinkel / AGAMI / D. Forsman 212 (m), Aleksander Bolbot 133 (mru), Buiten-Beeld / Daniele Occhiato 26 (mro), 39 (mlo), 210 (gol), Buschkind 141 (m), Robin Chittenden 176 (mru), Kit Day 139 (mrp), 182 (mo), FLPA 115 (m), Saverio Gatto 199 (m), David Havel 2–3 (m), imageBROKER / Friedhelm Adam 17 (ur), Nature Photographers Ltd. 185 (mro), Nature Photographers Ltd / Klaus Bjerre 208 (m), Nature Photographers Ltd / Paul R. Sterry 93 (mlu), 164 (mr), Nature Photographers Ltd / Steve Young 165 (mlu), Nigel Sawyer 108 (mu), Shetland Wildlife 138 (ul), Oliver Smart 139 (mr), 176 (mlu), Glenn Welch 213 (m), Steve Young 176 (mo). **Anders Paulsrud:** 106 (gol). **Anthony McGeehan:** 176 (gol) (ml). **Ardea:** natureinstock.com / Jan Sleurink 128 (mo). **Ardea London Ltd:** Uno Berggren 193 (mlo), Chris Knights 47 (mr) (gol). **Bob Glover:** 24 (gol), 29 (mru) 34 (gol), 48 (gol), 62 (gol), 97 (gor), 169 (gor) (mru), 180 (um), 185 (ul), 187 (ml). **Brian E. Small:** 174 (mo). **Carlos Sanchez Alonso:** 7 (mmr),14 (umr), 21 (mro), 67 (mro). **Chris Gomersall Photography:** 7 (mmr), 8 (mru), 10 (mml), 11 (mlu), (ul), (mgr), (ml), 12 (ur), 16 (gol) (mlu), 17 (gol), 23 (gor), 26 (mlu) (ur) (um), 30 (gr), 35 (mr) (mu), 36 (mru), 37 (gr) (mo), 38 (mru) (ur), 39 (gr) (mru), 42 (ml) (mru) (ur), 43 (mr) (ur) (mru), 44 (gl), 46 (gl) (ml) (mr), 50 (gl), 56 (mru), 57 (gr) (ml) (mru), 59 (mu), 61 (mru), 65 (m), 66 (mro) (mlu), 68 (mlu) (mu) (ur), 70 (mlo) (mlo), 74 (m) (mlu), 77 (ur), 79 (mru), 81 (mr), 82 (gor) (mo), 83 (mu) (ur), 84 (gol) (m), 85 (gor) (m), 86 (mr), 87 (umr), 92 (gor), 93 (mo) (mr), 96 (ml), 97 (mlu), 98 (gol), 99 (mr), 100 (ml), 101 (mro), 102 (gol) (mu), 103 (mru), 104 (gol), 105 (gor) (m), 107 (ml) (mlu) (mru), 108 (ur) (umr), 117 (mru), 118 (gol) (mo), 119 (mro), 119 (gor), 121 (mo) (mru), 122 (mu) (mru) (ur), 123 (mr) (umr) (mur), 125 (mru), 125 (mro) (mru) (cbr), 126 (ur), 127 (gor) (mro) mul), 128 (ml) (ul), 130 (gol) (um), 132 (ml) (ur), 134 (gol) (mol), 135 (gor) (mro), 136 (uml), 137 (mo) (ml), 139 (ur), 140 (gol) (mlu), 141 (gor), (mu), 143 (gor), 146 (gol), 147 (gor) (m), 148 (gol), 149 (gor), 150 (gol) (ml) (umr) (mol) (mul), 155 (gor), 160 (ml), 162 (gol), 163 (m) (ul) (umr), 166 (mlu), 167 (gor) (m) (mu), 168 (mlo) (mr) (ur), 171 (m), 172 (gol) (mr), 176 (gor), 181 (gor) (ml), 182 (ml), 184 (mo), 186 (ur), 190 (gol), 191 (m), 194 (gol) (mr), 195 (ml), 197 (mr) (ml), 198 (mol), 209 (gor) (ml) (ur), 211 (mr) (mol), 213 (gor) (ul), 214 (ml) (mul) (mu), 215 (gor) (mro).
Chris Knights: 1 (m), 11 (ur), 33 (gor), 50 (mlu), 79 (gor), 127 (mr) (mru), 135 (m), 156 (ml), 158 (mlu), 161 (mru), 192 (um). **Colin Varndell:** 16 (goru), 19 (gor), 21 (mru), 23 (mro), 109 (gor), 137 (mro) (ur), 189 (mru), 201 (ur). **Corbis:** Eric and David Hosking 78 (mru). **David Cottridge:** 10 (ur), 11 (mor), 25 (mu), 29 (ur), 31 (gor) (mro) (mor), 34 (mru), 37 (uro), 38 (umr), 39 (m), 41 (mru) (mor), 43 (gor), 45 (gor), 59 (mru), 61 (um) (uro), 62 (mlo) (mru), 63 (gor), 76 (mro), 88 (ml) (um), 90 (ur), 91 (gor), 92 (m), 104 (mru), 110 (mlo), 113 (mlo), 119 (mol), 120 (mlo), 126 (mo), 132 (mlo), 135 (mru), 161 (mlo), 164 (gol) (mro), 168 (mo), 178 (mr), 184 (ur), 186 (ml), 206 (mol). **David Tipling:** 17(mr), 47 (mu), 159 (mul), 207 (mru) **Dorling Kindersley:** Chris Gomersall 211 (m), Mike Lane 29 (mo). **Dreamstime.com:** Cowboy54 93 (gor), Joan Egert 19 (um), Frank Fichtmueller 173 (mru), Gallinagomedia 89 (mo), Caglar Gungor 76 (mu), H.Caglar Gungor 66 (mo), Tero Hakala 191 (mu), DennisJacobsen 194 (mr), Lucaar 18 (mro), Mikelane45 8(mr), 13 (mr), 66 (mru), 83 (mu), 171 (mlo), Ondrˇej Prosický 178 (mlu), Christopher Smith 196 (mu), Sandra Standbridge 32 (mro), Tonybrindley 96 (mro), Mikalay Varabey 24 (mu), Rudmer Zwerver 18 (ul).
FLPA – Images of nature 15 (mmo), 24 (goru), 31 (gom), 54 (gol), 67 (gor); F Merlet 13 (mu), Fritz Polking 196 (mul), Fritz Siedel 197 (mlo), George McCarthy 15 (um), 20 (mro), 33 (mru), 64 (mru), 71 (mro) (mor), 87 (uml), 90 (mlo), 98 (mru), 101 (mlu) (ulo), 103 (gor), 119 (mu), 122 (mlo), 123 (mo), 125 (mo), 129 (gor) (mru) (ur), 130 (mro) (mr), 131 (mlo) (mro) (um), 132 (um), 148 (ml), 155 (mro), 175 (m), 185 (gor), 188 (ul), 192 (gol) (mro), 206 (mul), P Harris/Panda Photo 83 (gor), Fritz Siedel 197 (mlo), Martin B Withers, 96 (ur), Winfried Wisniewski 107 (gor). **George McCarthy:** 20 (mro), 33 (mru), 64 (mru), 71 (mro) (mor), 87 (uml), 90 (mlo), 98 (mru), 101 (mlu) (ulo), 103 (gor), 119 (mu), 122 (mlo), 123 (mo), 125 (mo), 129 (gor) (mru) (ur), 130 (mro) (mr), 131 (mlo) (mro) (um), 132 (um), 148 (ml), 155 (mro), 175 (m), 178 (mlu), 185 (gor), 188 (ul), 192 (gol) (mro), 206 (mul). **Getty Images:**Future / PhotoPlus Magazine / Jesse Wild 206 (mro). **Getty Images / iStock:** AlbyDeTweede 92 (mru), ArendTrent 173 (mr) (im Wasser), Andrew_Howe 209 (m), JohnD-Porter 196 (gol). **Goran Ekström:** 52(ml), 89 (mr). **Gordon Langsbury:** 7 (mur), 41 (uro), 54 (umr), 83(mo) (mro), 123 (gor), 131 (gor) (mlu), 157 (ul), 173 (ur), 190 (um). **Hanne & Jens Eriksen:** 54 (mol), 56 (gol), 62 (mlu), 72 (mr), 76 (mlo), 98 (ulo), 116 (ul), 117 (mol), 142 (ul), 212 (gol).
Henry Lehto: 45 (uro), 107 (mlo). **Huttenmoser:** 60 (gol) (mo). **iStockphoto.com:** 7leonp69 184 (mlu). **Jari Peltomaki:** 92 (ml), 193 (gor). **Julian V. Bhalerao:** 28 (mlu). **K. Taylor:** 167 (ul). **Laurie Campbell**

Photography: 35 (gor). **Mark Hamblin:** 16 (mru), 32 (mlu) (um), 36 (gol) (mro), 38 (mlo), 41 (mol), 44 (gor), 49 (mlu), 50 (ml), 51 (mlo) (mro) (mlu), 55 (mo) (gomu), 56 (mul), 64 (mro), 70 (ur), 79 (ul), 81 (ul), 85 (ul), 91 (mro) (m) (ur), 93 (mo), 94 (mol), 95 (gor) (ur), 109 (mur), 111 (mr), 114 (m), 118 (mlo), 126 (um), 136 (ul), 137 (mr) (mol), 140 (mo), 144 (m), 151 (um), 153 (m), 154 (mul), 160 (gol), 162 (m), 189 (ml), 192 (ur), 197 (mo), 195 (mr), 196 (mro), 202 (ul). **Mike Lane:** 149 (ur), 15 (mro), 17 (mo), 22 (gol) (um), 23 (mmo), 25 (gor) (ulo), 27 (gor) (mo) (mru) (uro), 28 (ur) 29 (mo), 30 (umr), 31 (mru) (ur) (umr), 32 (mro), 33 (mol), 36 (uro) (mol), 37 (mru) (ul), 39(mr), 41 (umr) 43 (mlo), 50 (mru), 54 (ul), 55 (mlo), 64 (ur), 65 (ulo), 66 (mo), 69 (m), 71 (mu), 77 (umr), 78 (mlu) (mu) (ur), 79 (mo) (mro), 86 (u), 99 (mro) (uro), 100 (mlo) ,101 (um) ,102 (ml) (mlo), 103 (mu), 109 (ul) (mol) ,110 (gol) (mr), 111 (mo), 116 (mro) (mo), 117 (mur), 124 (mro) ,125 (mul), 127 (mol), 128 (mro), 137 (gor) (mul), 138 (mur), 139 (mu) (mru) (umr) (mor), 140 (mul), 142 (ml) , 146 (mu), 150 (mro), 151 (mru), 153 (mru), 158 (mr) (ul), 159 (mr) (mru), 166 (ur), 170 (m),172 (gor), 177 (mr) (ur), 178 (gol), 181 (ur), 183 (ur), 188 (gol), 190 (ur), 205 (gor) (ul) **Mike Read:** 80(ml),126 (gol), 161 (ul). **Matti Rekila:** 85(mr), 193(mr) (mu). **Markus Varesvuo:** 39 (um), 196 (ur). **N.H.P.A:** 13 (mru), Bill Coster 201 (ul). **Nature Picture Library:** David Kjaer 49 (mr), Peter Lewis 161 (mu), Dietmar Nill 80 (gol), Klaus Nigge 216 (gol), Rico & Ruiz 20 (ur), 75 (ml). **Oxford Scientific Films:** Mike Brown 76 (mu). **Philip Newman:** 204 (ul). **R.J. Chandler:** 44 (mlo), 48 (mu), 100 (mr), 141 (ur), 172 (ul). **Ray Tipper:** 25 (mru), 28 (gol), 70 (mru), 98 (ml), 113 (ur) ,133 (mlo). **Rene Pop:** 168 (mul). **Richard Brooks:** 19 (mru), 74 mru, 78 (uro). **Robin Chittenden:** 6 (um), 7 (ur), 88 (uro), 157 (mlo), 183 (ulo). **Roger Tidman:** 172 (gol) (mru), 40 (mu) (mro), 7 (mru) (umr) (umro), 8 (ur), 11 (mru), 12 (m) (umr), 18 (mru)(mmo), 20 (gol) (mlo), 21 [illegible] (mo), 23 (ul) (um),24 (ur), 25 (mo) (mro), [illegible], 29 (ur), 30 (mro), 32(mo), 33 (mor) (ur) (mu), 34 (mlu) (umr), 38 (golu), 41(mro), 42 (umr), 43 (mo) (ml) (gomu), 44 (mlu) (um), 45 (gor) (mlo) (mor), 46 (mlu), 47 (mro), 49 (gor), 50 (gor), 51(ur)(mul)(mur), 52 (mlu), 53 (gor) (mr) (mu), 55 (umr), 58 (mlu) (mu), 59 (mr), 61 (gor) (mro), 66 (gol), 67 (goru), 68 (mmr),69 (gor), 70 (gol), 71 (ul) (umo), 73 (mr), 74 (mu), 75 (gor) (mu) (mru), 79 (mu), 80 (mro), 81 (mo), 89(um), 94 (mru), 95 (um), 96 (mr) (mru), 97 (mo) (mr), 98 (gor), 107 (gor)(mlo), 110 (mlu) (mur), 111 (gor), 112 (gol), 113 (mr) (mor), 115 (mru), 116 (mu), 117 (mo) (ml) (mlu) (mlo) (ul), 119 (mru), 120 (mlu) (mur), 121 (mlo) (mru), 123 (mro), 124 (mol) (mur), 125 (mr), 126 (mro) (ul), 127 (mr), 128 (mul), 129 (gom) (m), 130 (mro), 133 (ur), 134 (mro) (ur), 135 (m) (ur), 136 (umr), 137 (mru), 138 (ur), 140 (mr), 142 (gol) (mor), 145 (uml), 147 (ul), 148 (mlo), 149 (m), 152 (m), 154 (gor) (mo), 155 (um), 156 (mo), 157 (mo), 158 (gol) (gor), 160 (mr) (ur), 161 (m), 162 (mro) (mlu) (ur) (mur), 166 (mo) (ul), 169 (mro) (m), 170 (gol), 173 (gor) (mr) (mu) (mol), 175 (gor), 179 (mmo), 181 (mmu), 182 (gol) (mr) (mmo) (goru), 184 (ml), 187 (ur), 190 (mr), 198 (gol) (ul), 199 (ur), 203 (mu), 203 (ml), 204 (gol) (mlo) (mro), 205 (m) (ul), 208 (ul), 209 (ul), 210 (mro) (ml) (ur), 214 (gol) (mro), 216 (ul). **Roger Wilmshurst:** 24 (uro), 36 (mlo), 38 (gor), 40 (mr), 41 (gor), 47 (mo), 48 (mru), 62 (gor), 66 (ur), 67 (mru), 78 (mlo), 82 (umo) (mur), 86 (gol), 88 (gol) (mr) (rmo), 90 (gol) (gor), 99 (gor), 100 (ur), 112 (mo), 128 (mru), 142 (mu), 143 (m), 144 (mu), 146 (mr), 150 (mru), 168 (gol), 177 (mro), 178 (ur), 182 (mro) (ul), 183 (gor) (m), 185 (ur), 200 (gol), 201 (mr). **RSPB Images:** 126 (ml), 128 (gol), 131 (mr) (mru), 133 (mr), 135 (ul), 138 (mlu), 144 (gol) 166 (mr), 171 (gor), 174 (mru); Andy Hay 42 (gol)(gor)(mo), 112 (ml), 121 (gor), Barry Hughes 64 (mlu), 109 (mr), Bill Paton 15 (gor) 82 (ml), Bob Glover 2 (m), 15 (mru), 59 (gor), 66 (mu), 74 (gol), 87 (m), 96 (gol),111 (mlu), 119 (mru), 122 (mlu), 125 (gor), 200 (ml), 202 (gol), Carlos Sanchez Alonso 38 (mlu), 71 (mru), 107 (m), 192 (mo), 196 (ml), 200 (mr), 204 (ml), 208 (gol), 215 (mur), Chris Gomersall 201 (gor), 214 (um), Chris Knights 30 (ur), 53 (mo), 65 (gor), 80 (mru), 97 (ml), 101 (gor), 103 (mlu), David Hosking 130 (ml), David Kjaer 18 (mro), 36 (mlu), 58 (gol), 67 (ur), 100 (gol), 124 (mr), 194 (ul), 197 (mlu), 202 (uml), Dusan Boucny 72 (gol), E A Janes 116 (gol), George McCarthy 118 (mlu), Gerald Downey 56 (mur), 64 (mlo), 206 (ml), Gordon Langsbury 37 (ml), 60 (ml), 123 (mr), 199 (gor), Jan Sevcik (mr), 56 (mlu), 94 (mro), 203 (gor), John Lawton Roberts 32 (gol), 92 (gol), 95 (ml), Malcolm Hunt 13 (mro), 24 (mro), 115 (gor), Mark Hamblin 11 (gor), 12 (ul), 18 (mlu)(uro), 46 (mul), 49 (mlo), 51 (gor), 70 (mlu), 77 (gor), 78 (gol) (mo), 81 (mru), 91 (mr), 202 (mr), 204 (uro), Maurice Walker 16 (mo), Michael Gore 19 (um), 76 (mlu), Mike Lane 30 (goru), 46 (m), 52 (mo), 69 (mul), 84 (ur), 114 (gol), 120 (gol), 133 (mol), 177 (gor), 206 (gol) (ur), Mike McKavett 14 (gol), Mike Read 108 (uml), Mike Richards 93 (gol), 94 (gor), Paul Doherty 207 (m), Philip Newman 24 (mlu), 77 (mru), Richard Brooks 14 (ur), 48 (mr), 51 (mru), 61 (mo), 83 (mr), 91 (umo), 100 (ul), Robert Horne 17 (gor), Robert Smith 76 (gol), 94 (ml), Roger Wilmshurst 10 (mmr), 101 (mr), Stanley Porter 124 (mlu), Steve Austin 102 (mru), 110 (ml) (mul), Steve Knell 21 (gor), 53 (mro), 196 (mol), Tony Hamblin 13 (gor), 105 (mru). **Sampo Laukkanen:** 85(ur). **Steve Knell:** 116 (ml), 166 (gol). **Steve Young:** 185 (um), 7 (gor) (uro), 13 (m) (umr), 14 (mlo) (mru), 28 (mo), 29 (mlo), 30 (mlu), 31 (goru), 34 (ur), 37 (umo), 40 (mlu), 54 (mro) (ml) (mru), 55 (gor), 56 (golu), 58 (m), 62 (ulo), 63 (mu), 64 (umr) (golu), 65 (mlu), 68 (gol), 71 (gor), 73 (gor), 82 (mr), 109 (mro), 114 (mlu), 121 (mo) (mur), 122 (mo), 133 (mro), 137 (umr), 139 (m), 142 (mlo) (mlu) (mul), 143 (ul), 144 (um), 146 (mro), 148 (mu), 150 (gor) (mr) (ur), 151 (gor) (mro), 152 (mru) (ur), 153 (mlu), 155 (mr) (mru), 156 (mu) (ur), 158 (mru), 163 (uml), 164 (ul), 165 (gor) (mro), 170 (mru) (ur), 171 (ur), 174 (gol) (ur), 176 (mr), 177 (ul), 179 (mro), 180 (gol) (ul) (mmo), 181 (mr) (mru), 182 (ulo), 183 (mlu) (uro), 184 (gol), 186 (mro), 187 (gor) (um), 189 (gor) (ur). **Shutterstock.com:** Jesus Cobaleda 176 (ur), Dave Montreuil 20 (ul), John Navajo 46 (mru), Marcin Perkowski 205 (mu). **Tim Loseby:** 32 (mru), 36 (ur), 43 (mlu) (ulo), 45 (mru), 47 (mru), 52 (gol) (mu) (mru), 55 (mlu) (ur), 56 (mlo), 63 (mr), 65 (ml), 117 (gor), 122 (gol), 132 (mro), 145 (gor), 154 (gol), 160 (ul) (mul), 186 (ml). **Tom Ennis:** 186 (gol). **Windrush Photos:** Anon 53(mr), Arnoud B van den Borg 45 (ur), Richard Brooks 113 (mru), Peter Cairns 16 (ur), Kevin Carlson 107 (gol), 15 (ur),55 (mu), R Chandler 110 (mro), David Cottridge 53(ur), 17(mru), Paul Doherty 207 (gor), 82 (ur), 172 (mro), 173 (m), 180 (ur), Goran Ekstrom 72 (mu), 82 (gol),Tom Ennis 116 (gor), Ian Fisher 188 (ur), J Hollis 73 (mlu), B Hughes 109 (mru), Pentti Johansson 81 (gor), 92 (um), Jari Peltomaki 14 (mlu), 52 (mu), Alan Petty 98 (ml), 99 (ml), J Lawton Roberts 89 (gor), Chris Schenck 103 (ml), 9 (gor), David Tipling 20(mlu), 21 (mlo), 22 (mlu), 27 (goru), 15 (uro) 37 (mlo), 40 (gol), 46 (mo) (mur), 50 (mlo) (uro), 54 (mor), 61 (mlo), 63 (ml) 64 (gol), 67 (mu), 68 (mo), 83 (ul), 90 (ml) (uro), 91 (um), 94 (mlu), 97 (mru), 111 (mlo), 114 (mur), 118 (mur), 124 (gol) (gor), 132 (gol), 134 (ml), 137 (mro), 139 (gor) (mr), 140 (m) (ul) (um), 143 (ur), 147 (ur), 149 (ul), 151 (mr) (ur), 153 (gor) (ul) (ur), 154 (um), 157 (gor) (ul), 159 (gor) (ul), 161 (ur), 179 (mmu), 182 (mlu), 184 (mro) (goru), 186 (ulo) (mul), 187 (ul) (uro),193 (mo), 195 (gor), 99 (ul), 211 (gor), 113 (mol), 116 (mlu), Ray Tipper 28 (mlo), 38 (gol). **WorldWildlifeImages.com / Andy & Gill Swash:** 45 (mlu). **Yossi Eshbol:** 129 (um).

Cover: *Vorn und Buchrücken:* **naturepl.com:** Gary K. Smith; *Hinten:* **Dorling Kindersley:** Roger Tidman (mro), rspimages.com: Chris O'Reilly (mgro)